U0384499

中国环境规划政策绿皮书

中国生态补偿政策发展报告2020

China's Report on Policy Progress of Ecological Compensation 2020

刘桂环　王夏晖　文一惠　等/编著

中国环境出版集团·北京

图书在版编目（CIP）数据

中国生态补偿政策发展报告. 2020/刘桂环等编著. —北京：中国环境出版集团，2021.11
（中国环境规划政策绿皮书）
ISBN 978-7-5111-4971-8

Ⅰ．①中…　Ⅱ．①刘…　Ⅲ．①生态环境—补偿性财政政策—研究报告—中国—2020　Ⅳ．①X-012

中国版本图书馆 CIP 数据核字（2021）第 251481 号

出 版 人　武德凯
责任编辑　葛　莉
文字编辑　史雯雅
责任校对　任　丽
封面设计　彭　杉

出版发行　中国环境出版集团
　　　　　（100062　北京市东城区广渠门内大街 16 号）
　　　　　网　　　址：http://www.cesp.com.cn
　　　　　电子邮箱：bjgl@cesp.com.cn
　　　　　联系电话：010-67112765（编辑管理部）
　　　　　发行热线：010-67125803，010-67113405（传真）
印　　刷　北京中科印刷有限公司
经　　销　各地新华书店
版　　次　2021 年 11 月第 1 版
印　　次　2021 年 11 月第 1 次印刷
开　　本　787×1092　1/16
印　　张　12.75
字　　数　156 千字
定　　价　89.00 元

执行摘要

党的十八大报告中提出"建立反映市场供求和资源稀缺程度、体现生态价值和代际补偿的资源有偿使用制度和生态补偿制度",充分运用市场实现生态补偿资源的最佳配置被提上议事日程。党的十九大报告明确提出"建立市场化、多元化生态补偿机制",《中华人民共和国国民经济和社会发展第十四个五年规划和 2035 年远景目标纲要》再次明确要"完善市场化、多元化生态补偿"。2018 年 12 月,国家发展改革委、财政部、自然资源部、生态环境部等 9 部门联合印发的《建立市场化、多元化生态保护补偿机制行动计划》(发改西部〔2018〕1960 号,以下简称《行动计划》),明确了我国市场化、多元化生态补偿政策框架,是未来我国大力发展市场化、多元化生态补偿机制的政策指南。

在《行动计划》的框架下,本书以市场化、多元化生态补偿为关键词,界定了相关概念、基本原则和特征要素,借鉴国外成功经验,重点展示了我国在资源有偿使用、资源产权交易、生态产品开发经营、绿色金融等市场化、多元化生态补偿方面的实践成果,并基于对我国建立市场化、多元化生态补偿难点的分析,提出相关政策建议和配套措施。

本书出版恰逢生态环境部环境规划院建院 20 周年。20 年来,在院领导的指导和带领下，生态环境部规划院始终走在国家生态补偿政策研究的前沿，是全国较早开展生态补偿研究的团队之一，在生态补偿前端—中端—后端的全过程研究中积累了大量的理论和实践经验，多年来为国家和地方生态补偿机制建设提供了扎实的技术支撑，参与起草多份国家和地方生态补偿相关政策文件和技术文件，长期跟踪国内外生态补偿研究和实践动态，为国内多个省（区、市）生态补偿实践工作提供技术指导。在生态补偿向市场化、多元化纵深推进之时，本书重点梳理了近年来国内外生态补偿相关实践，展望了我国市场化、多元化生态补偿政策发展趋势，汇编了 2020 年国家和地方出台的生态补偿政策文件，以期为国家和地方有关部门制定生态补偿政策提供参考。

市场化、多元化生态补偿政策研究得到了国家重点研发计划课题"生态补偿模式、标准核算与政策措施"、水专项课题"京津冀地区水环境保护战略及其管理政策研究"、国家发展改革委委托课题"市场化、多元化生态补偿体制机制研究"和水专项课题"流域水环境管理经济政策创新与系统集成"的资助支持。

Executive Summary

In the report of the 18th National Congress of the CPC, it is proposed that "we should establish a system for paid use of resources and eco-compensation to reflect market supply and demand, scarcity of resources, ecological value and intergenerational compensation", which initially required to make full use of the market to realize the best allocation of resources of ecological compensation. In the report of the 19th National Congress of the CPC, it is further provided that "we should establish a market-oriented and diversified eco-compensation mechanism". It is repeatedly stipulated in the *14th Five-Year Plan for National Economic and Social Development and Outline of Vision in 2035* that "we should improve the market-oriented and diversified eco-compensation". In December, 2018, 9 ministries, such as the National Development and Reform Commission, the Ministry of Finance, the Ministry of Natural Resources and the Ministry of Ecology and Environment, jointly issued the *Action Plan For Establishing A Market-Oriented and Diversified Eco-Compensation Mechanism*（FGXB〔2018〕No. 1960, hereinafter referred to as the "Action Plan"）, which explicitly defined the policy framework of market-oriented and diversified eco-compensation in China, as the policy guidance to implement the eco-compensation mechanism in future.

Under the framework of the Action Plan, this book defines the relevant concepts, basic principles and characteristics focusing on the market-oriented diversified eco-compensation, and draws on the successful international experiences, and reviews the outcomes of eco-compensation in China, including paid use of resources, resource property rights trading, ecological product operation and development and green finance. Finally, some policy suggestions and supporting measures are put forward on the basis of the analysis on difficulties in the establishment of the diversified eco-compensation in China.

This book is published just at the 20th anniversary of the establishment of Chinese Academy of Environmental Planning（CAEP）. In the past 20 years，the CAEP has always been at the forefront of the research on eco-compensation policy. As one of the earliest teams to research eco-compensation in China，we have accumulated a lot of theoretical and practical experiences in the whole process of ecological compensation，and provided solid technical basis for the eco-compensation mechanism at both the national and local level for many years. We participated in drafting a number of national and local eco-compensation policy and technical documents，and provided technical guidance for the eco-compensation in many provinces and municipalities in China. We also follow up the domestic and international researches and trends of eco-compensation practices for long term. In the process of deepening the market-oriented diversification of eco-compensation，this book mainly reviews the eco-compensation policies and practices at home and abroad in recent years，looks forward to the trend of market-oriented and diversified eco-compensation policies in China，and compiles the national and local eco-compensation policy documents in 2020 with a purpose to provide reference to formulate eco-compensation policies.

The research is supported by National Key Research and Development Project "Ecological Compensation Model, Standard Accounting and Policy Measures", State Water Special Project "Water Environment Protection Strategy and Management Policy in Beijing，Tianjin and Hebei", "Research on the Market-Oriented and Diversified Eco-Compensation Mechanism and System" commissioned by the NDRC，and State Water Special Project "Innovation and System Integration on River Basin Water Environment Management Economic Policy".

目录

目录

目录

开展市场化、多元化补偿的必要性

1.1 我国市场化、多元化生态补偿政策框架初步形成

随着国家对生态补偿工作越来越重视，各地也在积极探索适合区域特点的生态补偿模式，整体来看，我国生态补偿范围逐年扩大，生态补偿尺度不断延伸，市场化运作逐渐提速，社会参与程度逐渐提高，市场化、多元化生态补偿实践框架初步形成。

1.1.1 补偿领域呈现多元推进格局

补偿领域从单领域生态补偿向综合补偿延伸，单领域补偿已覆盖流域、森林、草原、湿地、荒漠等生态系统所有重要领域，区域性、综合性生态补偿已覆盖重点生态功能区、国家公园等生态功能重要区域。

（1）更深流域生态补偿的"中国模式"正在形成

流域生态补偿已成为我国流域共同开展综合治理的重要手段。截至2019 年年底，浙江、江西、四川、吉林、陕西等 20 省（区、市）实现

了行政区内全流域生态补偿。陕西、湖南、贵州、内蒙古、黑龙江 5 省（区）主要针对辖区内的渭河、湘江、清水江、红枫湖、赤水河、乌江、穆棱河和呼兰河等重点流域开展了流域生态补偿。广西、甘肃、上海、青海等省（区、市）的部分地方也自主开展了流域生态补偿。西藏、新疆两个自治区以及港澳台地区尚未开展流域生态补偿。省内流域生态补偿机制一般是由省级政府出台相关政策，对各市县之间的权责关系进行界定，同时由省级财政部门根据流域生态环境及管理情况对补偿资金进行核算和清算，也有部分地区是市县同级政府间自行签订并履行流域生态补偿协议。

跨省流域上下游横向生态补偿试点效果显著。2010 年年底，在财政部和环境保护部大力推动下启动的新安江流域水环境补偿试点是我国首个国家层面的跨省流域生态补偿政策实践。此后，基于新安江流域的跨省生态补偿机制构建经验，九洲江、汀江—韩江、东江、引滦入津、赤水河、密云水库上游潮白河等多个跨省（区、市）流域上下游横向生态补偿试点深入推进。截至 2019 年年底，我国已有安徽、浙江、广东、福建、广西、江西、河北、天津、云南、贵州、四川、北京、湖南、重庆、江苏 15 个省（区、市）参与开展了 10 个跨省（区、市）流域生态补偿试点工作。现有跨省流域生态补偿机制一般是在国家的推动和协调下，各省级政府间签订流域生态补偿协议，确定补偿基准和补偿资金额度，然后根据联合监测结果拨付补偿资金，中央一般向参与签订协议的上游地区提供引导性补助资金。

（2）其他领域生态补偿机制正在完善

林业、农业、水利、国土、海洋等部门依据职责分工，分别开展了森林、草原、湿地、荒漠、海洋、水流、耕地生态补偿工作。森林方面，2012 年国家林业局与财政部共同区划界定国家级公益林 18.67

亿亩[①]，其中 13.85 亿亩纳入森林生态效益补偿补助范围，补助标准逐渐提高，2017 年已达到 10 元/亩，目前公益林补偿范围已经将国家级、省级公益林全覆盖。草原方面，2011 年国家启动实施草原生态保护补助奖励机制，2016 年实施新一轮草原生态保护补助奖励政策，政策覆盖范围由 2011 年第一轮的 8 个省（区）和新疆生产建设兵团的部分区域扩展到了 13 个省（区）和新疆生产建设兵团的 639 个县，国家财政投入每年约 150 亿元，政策实施涉及的草原面积占中国草原面积的 80%以上。湿地方面，从 2014 年起，中央财政大幅度增加了湿地保护投入，原国家林业局会同财政部启动了湿地生态效益补偿试点、退耕还湿试点，并首先在国家级湿地自然保护区和国家重要湿地开展补偿试点工作。其他方面，2013 年，中央财政建立沙化封禁保护区补助制度。启动实施海洋渔业资源总量管理制度，海洋牧场建设和海洋捕捞渔船减船转产力度持续加大。鼓励地方结合本地实际探索建立耕地保护补偿政策，加大对耕地特别是永久基本农田保护的补偿力度。

（3）重点生态功能区生态补偿政策趋于成熟

2008 年，为推动地方政府加强生态环境保护和改善民生，中央财政在均衡性转移支付项下设立国家重点生态功能区转移支付，对属于国家重点生态功能区的区（县）给予均衡性转移支付。2009 年财政部正式印发《国家重点生态功能区转移支付（试点）办法》（财预〔2009〕433 号），明确了国家重点生态功能区转移支付的范围、资金分配办法、监督考评、激励约束措施等，正式建立国家重点生态功能区转移支付机制。12 年来，该项政策设计不断优化完善，补助范围不断扩大，补助资金不断增加，截至 2020 年，该项政策已经覆盖全国 31 个省（区、市）818 个县域，累计投入超过 6 000 亿元，是迄今为止国家对重点生

---

① 1 亩=0.066 7 hm²。

态功能区唯一的具有直接性、持续性和集中性的生态补偿政策，对维护国家生态安全、平衡生态保护地区和生态受益地区之间的利益关系起到重要作用。

转移支付范围持续优化。2009 年，转移支付范围主要包括：关系国家区域生态安全，并由中央主管部门制定保护规划确定的生态功能区；生态外溢性较强、生态环境保护较好的省（区）；国务院批准纳入转移支付范围的其他生态功能区域。2010 年国务院印发《全国主体功能区规划》，明确国家重点生态功能区、禁止开发区域的具体范围，转移支付的范围也随之清晰，即将《全国主体功能区规划》中限制开发区域（重点生态功能区）和禁止开发区域全部纳入进来，并增加了青海三江源自然保护区、南水北调中线水源地保护区、海南国际旅游岛中部山区生态保护核心区等国家重点生态功能区。之后根据国家重大战略部署，补偿范围不断扩大，先后将生态文明示范工程试点的市（县）、"两屏三带"、国家公园体制试点地区等试点示范区域和重大生态工程建设地区、选聘建档立卡人员为生态护林员的地区、京津冀、长江经济带、"三区三州"等深度贫困地区纳入转移支付范围（图 1-1）。

转移支付资金分配方法不断优化。2009 年，转移支付资金分配方法以地方标准财政收支缺口为主，2011 年开始建立起以重点补助为主、以专项补助为辅的补偿资金分配方法，重点补助考虑因素不断丰富，并先后增加了禁止开发区补助、省级引导性补助、生态文明示范工程试点工作经费补助、长江经济带补助和"三区三州"补助等专项补助，转移支付资金分配方法的调整体现了生态补偿方式由单一"输血型"补偿向提高当地发展能力的"造血型"补偿转变（图 1-2）。

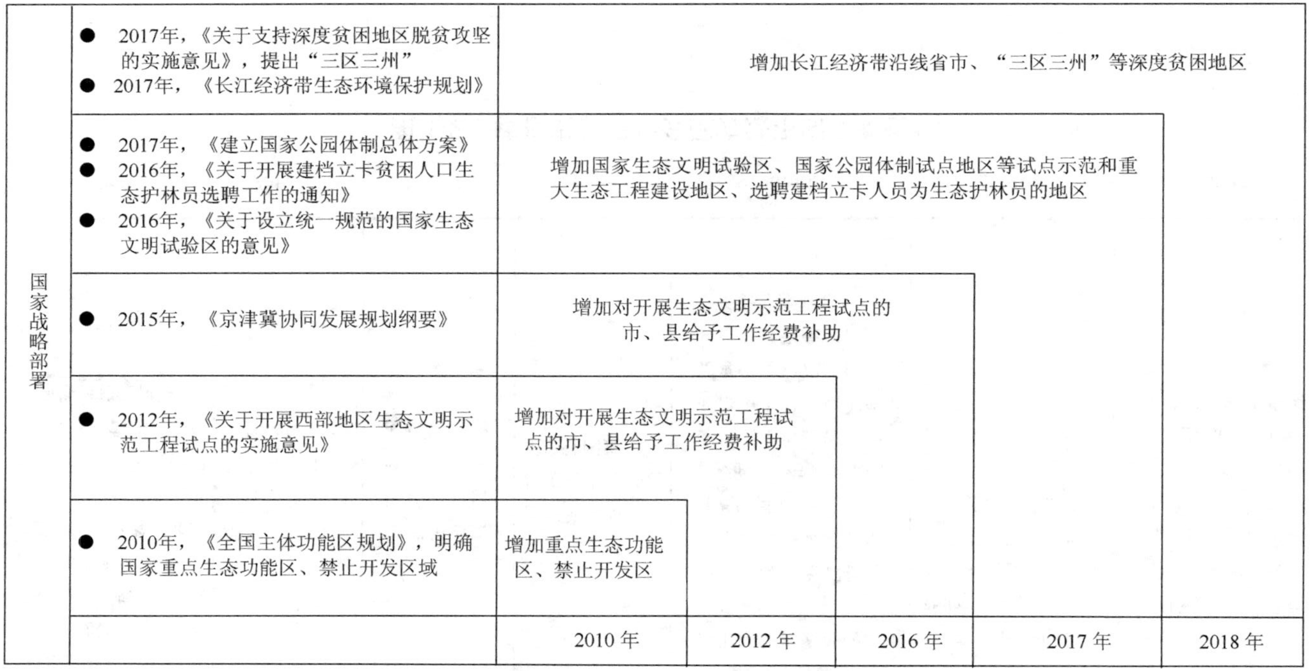

国家战略部署

● 2017年,《关于支持深度贫困地区脱贫攻坚的实施意见》,提出"三区三州"
● 2017年,《长江经济带生态环境保护规划》

● 2017年,《建立国家公园体制总体方案》
● 2016年,《关于开展建档立卡贫困人口生态护林员选聘工作的通知》
● 2016年,《关于设立统一规范的国家生态文明试验区的意见》

● 2015年,《京津冀协同发展规划纲要》

● 2012年,《关于开展西部地区生态文明示范工程试点的实施意见》

● 2010年,《全国主体功能区规划》,明确国家重点生态功能区,禁止开发区域

2010年	2012年	2016年	2017年	2018年
			增加长江经济带沿线省市、"三区三州"等深度贫困地区	
			增加国家生态文明试验区、国家公园体制试点地区等试点示范和重大生态工程建档立卡人员为生态护林员的地区	
		增加对开展生态文明示范工程试点的市、县给予工作经费补助		
	增加对开展生态文明示范工程试点的市、县给予工作经费补助			
增加重点生态功能区、禁止开发区				

图 1-1　重点生态功能区转移支付覆盖范围扩大历程

2009 年	2011 年	2012 年	2014 年	2016 年	2017 年	2018 年
某省（区、市）国家重点生态功能区转移支付应补助数=[∑该省（区、市）纳入试点范围的市县政府标准财政支出-∑该省（区、市）纳入试点范围的市县政府标准财政收入]×[1-该省（区、市）均衡性转移支付系数]+纳入试点范围的市、县政府生态环境保护特殊支出×补助系数	增加了"禁止开发区补助""省级引导性补助"两项指标	增加"生态文明示范工程试点工作经费补助"	重点补助系数增加考虑生态功能重要性因素	1. 增加聘用贫困人口转为生态保护人员的增支情况 2. 向国家森林公园两类禁止开发区倾斜 3. 将"生态文明示范工程试点工作经费补助"调整为"对省以下建立完善生态保护补偿机制和有关引导性补助"	1. 增加生态护林员补助 2. "对省以下建立完善生态保护补偿机制和有关补助示范点"调整为"国家生态文明试验区、国家公园体制试点地区等试点示范和重大生态工程建设地区"	1. 对长江经济带补助、根据生态保护红线、森林面积、人口等因素测算 2. 对"三区三州"补助根据贫困人口、人均转移支付等因素测算。

图 1-2 转移支付资金分配方法不断调整优化

激励与约束机制不断健全。为规范补偿资金管理，在启动重点生态功能区转移支付政策时，财政部就提出开展国家重点生态功能区转移支付分配情况和使用效果评估，根据考评结果，实施相应的激励约束措施。2011年以来，环境保护部联合财政部先后印发《国家重点生态功能区县域生态环境质量考核办法》（环发〔2011〕18号）、《国家重点生态功能区县域生态环境质量监测评价与考核指标体系》（环发〔2014〕32号）、《关于加强"十三五"国家重点生态功能区县域生态环境质量监测评价与考核工作的通知》（环办监测函〔2017〕279号）等文件，对国家重点生态功能区县域实施生态环境质量监测、评价与考核工作做出了规定，建立了转移支付资金奖惩调节机制，明确了转移支付资金测算与县域生态环境质量评估结果挂钩的机制。目前，国家重点生态功能区县域生态环境评价结果是财政部下达国家重点生态功能区转移支付资金的重要依据，2012—2020年，累计对450多个县域的转移支付资金实施奖惩调节，仅2017—2020年连续4年的调节资金量就超过30亿元。

政策直接导向功能较为显著。2008年设立国家重点生态功能区转移支付时，共有221个县域被纳入转移支付范围，转移支付资金共计60.51亿元。12年来，中央财政不断加大转移支付力度，补助范围不断扩大，补助资金总量不断增加。到2017年，该项政策已经覆盖全国31个省（区、市）818个县域，近几年县域数量保持不变，年度转移支付资金最高达811亿元。12年间，补偿范围增加了2.7倍，年度补偿资金增加了10余倍。大规模的转移支付范围和大数额的转移支付资金有效保证了国家重点生态功能区生态产品的产出能力。根据2016年度和2019年度国家重点生态功能区县域生态环境质量监测评价与考核报告，国家重点生态功能区生态环境质量以基本稳定为主，且基本稳定的县域不断增加，2013—2015年基本稳定县域为411个，2016—2018年为647个。

逐步体现综合补偿的特征。重点生态功能区转移支付政策与单要素（森林、草原等）生态补偿不同，主要体现为三个综合。一是目标更加综合，国家重点生态功能区在地理空间上与贫困地区高度重叠，据统计，全国 80%以上的贫困县处于重点生态功能区或生物多样性保护优先区，因此，转移支付政策以"改善民生"和"进行生态环境保护"双重目标为基本结构；二是标准更加综合，综合考虑地方生态环境保护方面的减收增支情况、生态保护区域面积、产业发展受限对财力的影响情况和贫困情况等因素实施分档分类的补助；三是激励约束机制更加综合，以县域生态环境状况动态变化评估作为激励约束的主要指标，将县域生态环境保护结果评价与保护过程评价有机融合，同时将生态重要空间人类活动监测、生态环境违法与突发环境事件、产业准入负面清单实施等纳入评估体系。可见，转移支付政策正在实现对各单要素补偿政策目标的综合集成和有机融合，是既考虑区域生态产品产出能力又考虑如何平衡保护与发展矛盾的生态综合补偿机制的较早尝试。

1.1.2 补偿主体呈现多元供给格局

政府补偿是我国生态补偿的主要形式，近年来我国生态补偿得到迅速发展，主要依靠政府的推动，中央政府出台的重点生态功能区转移支付、森林生态效益补偿、草原生态保护补助奖励、湿地生态效益补偿等一系列政策，以及地方政府在流域生态补偿领域的实践等都推动我国以财政转移支付为主的生态补偿实践框架体系迅速建立。据初步统计，2019 年，我国生态补偿财政资金投入近 2 000 亿元。由于生态补偿涉及的利益相关者众多，按照"谁受益谁补偿"的原则，引入市场补偿机制，优化资源配置，可以减缓政府补偿的压力。我国生态补偿政策及补偿主体情况见表 1-1。

表 1-1 我国生态补偿政策及补偿主体情况

领域	生态补偿政策	补偿主体
森林	天然林资源保护工程 退耕还林（草）工程 "三北"防护林工程 沿海防护林体系建设工程 国家森林生态效益补偿	中央政府
草原	草原生态保护补助 退牧还草工程	中央政府
荒漠	京津风沙源治理工程 沙化土地封禁保护	中央政府
湿地	湿地补贴资金	中央政府
流域	新安江流域横向生态补偿 汀江—韩江流域横向生态补偿 九洲江流域横向生态补偿 东江流域横向生态补偿 引滦入津横向生态补偿 赤水河流域横向生态补偿 潮白河流域横向生态补偿 酉水流域横向生态补偿 滁河流域横向生态补偿 渌水流域横向生态补偿	中央政府 上下游省级政府
	福建省重点流域生态补偿 江西省流域生态补偿	省级政府
	各省跨界流域生态补偿	省级及以下各级政府
水土保持	国家水土保持重点建设工程 黄河中上游水土保持重点防治工程 长江上中游水土保持重点防治工程	中央政府

领域	生态补偿政策	补偿主体
区域	重点生态功能区转移支付 岩溶地区石漠化综合治理 西藏生态安全屏障保护与建设 青海三江源国家生态保护综合试验区 黄土高原地区综合治理	中央政府
	浙江省生态环保财力转移支付 广东省生态补偿 江苏省生态补偿转移支付 山东省省级及以上自然保护区生态补偿 海南省非国家重点生态功能区转移支付、市县生态转移支付 武汉市湿地自然保护区生态补偿	省级政府

《行动计划》明确了多元主体参与的方向。一是明确补偿主体的多元化。推进国家治理体系和治理能力现代化是全面深化改革的总目标之一，聚焦到生态环境保护领域，就是推进生态环境治理体系和治理能力现代化，要构建政府为主导、企业为主体、社会组织和公众共同参与的环境治理体系。《行动计划》很好地呼应了这一点，按照"谁受益谁补偿"的原则，明确了生态受益者、社会投资者对生态保护者的补偿，除了政府，还需要企业、社会组织和公众的共同参与。二是明确补偿方式的市场化。《行动计划》提出的九大重点任务，是对以往"零碎化"的生态补偿方式进行的"系统化"总结、提炼与创新。市场化、多元化生态补偿涉及面宽，综合性、系统性强，进展不一，对资源开发补偿、污染物减排补偿、水资源节约补偿等已经具有较多试点经验的领域，主要是要总结好的做法和经验，完善交易制度。对生态产业、绿色标识、绿色采购、绿色金融、绿色利益分享机制等有利于引导全

社会对生态产品投资和消费的领域，提出逐步探索、适时完善推广的工作要求。

《行动计划》明确了生态补偿资金来源渠道。污染物减排补偿、水资源节约补偿、碳排放权抵消补偿实际上都是对发展权的补偿。生态保护地区放弃的排污剩余指标、减少的碳排放量，就是放弃的发展权。水权是一个地区的取水权或用水权，属于当地居民的发展权，生态受益地区应当给予合理补偿。《行动计划》中注重企业的参与，提出"企业通过淘汰落后和过剩产能、清洁生产、清洁化改造、污染治理、技术改造升级等产生的污染物排放削减量，可按规定在市场交易"等具体手段激励企业参与。《行动计划》还创新性地提出了"在有条件的地方建立省内分行业排污强度区域排名制度，排名靠后地区对排名靠前地区进行合理补偿"的机制。生态补偿投融资机制有利于引导金融机构为生态保护地区的发展提供资金支持，进而吸引市场投资者参与生态产品的价值转化。绿色金融领域的绿色发展基金、绿色债券等方式可以引入生态补偿中。发挥财政种子资金的作用，通过收益优先保障机制吸引金融机构以及社会资本的投入，更好地保障生态保护与修复的可持续性，提升区域生态系统服务价值。根据党的十八大以来一系列政策文件要求，企业、社会公众参与生态补偿的途径主要包括碳排放权交易、排污权交易和水权交易，水土保持、渔业资源增殖保护、草原植被、海洋倾倒等资源环境有偿使用收费政策，绿色信贷、环境污染责任保险、排污权抵押、林权抵质押贷款等绿色金融手段。涉及的生态补偿多元主体供给见图1-3。

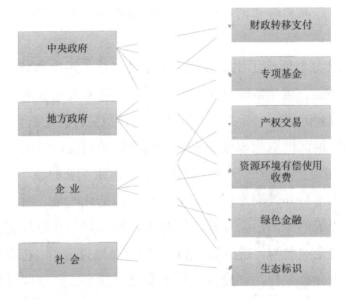

图 1-3　生态补偿多元主体供给

1.1.3　补偿方式呈现多元实现格局

多元化补偿方向基本明确。《关于健全生态保护补偿机制的意见》将视角聚焦到多元化补偿，把"探索建立多元化生态保护补偿机制""多元化补偿机制初步建立"作为生态补偿机制建设的重点目标，并指出"鼓励受益地区与保护生态地区、流域下游与上游通过资金补偿、对口协作、产业转移、人才培训、共建园区等方式建立横向补偿关系""结合生态保护补偿推进精准脱贫"，积极创新生态补偿方式，利用多种方式充分调动政府和公众保护生态环境的积极性。目前，国家生态补偿政策中，森林公益林补偿制度、草原生态保护补助奖励政策都形成了可持续的产业发展模式，正在开展的生态补偿示范区建设、流域生态补偿试点等工作在建立多元化补偿机制方面也提供了大量的经验，这些实践基础为开展对口协作、产业转移、人才培训、共建园区等方式提供了具体的办法，有助于各地形成适应资源环境承载能力的产业结构，促进其转型绿色发展。

将生态补偿与扶贫政策对接。探索不以牺牲环境为代价的生态脱贫新路子，是推进多元化生态补偿机制的重要手段。我国生态功能重要区域与发展滞后区域相互交织，保护生态环境与区域减贫、脱贫相伴而行。因此，实施生态补偿机制建设也是脱贫攻坚的一项重要举措。2015年习近平总书记在云南考察工作的时候强调，坚决打好扶贫开发攻坚战，加快民族地区经济社会发展。实施生态综合补偿是将生态补偿和精准扶贫脱贫相关联，可有效促进不同地区、不同地域群体均等化发展。2018年1月，国家发展改革委等多部委联合印发《生态扶贫工作方案》（发改农经〔2018〕124号），明确要发挥生态补偿在精准扶贫、精准脱贫中的作用。截至2017年年底，中国建档立卡贫困人口选聘生态护林员37万人，带动130多万贫困人口稳定脱贫和增收，森林得到有效保护。

探索生态产品价值实现路径。《行动计划》提出，通过发展生态产业、完善绿色标识、推广绿色采购和建立绿色利益分享机制，将生态产品的生产者和消费者紧密联系在一起，详细阐释了生态产品价值实现路径。发展生态产业和绿色利益分享机制都是从生态保护地区和受益地区的资源禀赋和生态保护能力差异的角度建立的补偿机制，是精准扶贫与生态补偿机制融合的基础，通过统一规划，结合精准扶贫要求，最大限度发挥其资源、环境及区位优势，建立生态资源与经济优势有机融合的协作联动机制。绿色标识和绿色采购实际是生态产品供需的两端，建立生态产品市场交易机制，健全生态保护市场体系，建立健全反映外部性内部化和代际公平的生态产品价格形成机制，使保护者通过生态产品的市场交易获得生态保护效益的充分补偿。

1.2　建立生态补偿长效机制的现实需求

1.2.1　生态补偿水平需要与经济社会发展水平相适应

我国生态补偿相关政策以及实践中，生态补偿主体大多还是局限在政府层面，且以财政转移支付为主。虽然我国财政实力雄厚，但全国需要进行生态保护的面积大、项目多，特别是中国特色社会主义新时代下，我国社会主要矛盾是人民日益增长的美好生活需要和不平衡不充分的发展之间的矛盾，除了物质生活以外，生态环境保护成了人民对美好生活需求的重要支撑。这对生态补偿工作提出了更高的目标和要求，生态补偿范围还将日益扩大，生态补偿标准日益提高，生态补偿成本也在增加。在经济发展新常态下，政府财政收入增长放缓，环境基本公共服务均等化使得财政压力持续增大，迫切需要充分发挥市场在资源配置中的基础性作用。通过市场化手段，抓住经济利益激励和约束的"牛鼻子"，积极构建生态产品价值评估体系，明确生态产品也有其商品属性，谁保护、谁受益，谁污染、谁付费，更多地引导和鼓励社会资本和公众积极参与到生态补偿中来，同时通过探索多元化生态补偿机制实现生态保护地区自身"造血功能"，以提供更多优质生态产品。目前我国生态补偿市场化、多元化还处于探索阶段，对于市场化、多元化的内涵、基本原则、基本要素、实现形式等还没有明确规范，加强这方面的研究，建立健全有关规章政策将为进一步深化市场化、多元化生态补偿机制提供依据。

1.2.2　我国生态补偿长效机制有待提高

纵观我国的生态补偿机制，主要呈现如下特征：

一是以财政资金为主导。生态补偿资金主要来源于中央和地方财政转移支付,2016 年中央财政投入的生态补偿资金占全部生态补偿资金的87.7%,地方财政资金占比为 12%,其他资金来源占比不到 1%。实践证明,以财政资金为主导的生态补偿,通过退耕还林、退耕还湖、退耕还草、生态保护区建设等途径有力地促进了生态保护和环境保护,但是由于资金有限,普遍遵循"占一补一"原则,主要关注对利益直接受损者的经济补偿,很少对生态环境保护者、贡献者等提供补偿。

二是补偿标准偏低,没有完全体现生态保护地区的生态服务价值及保护成本。受经济社会发展水平和地方财力的制约,现行生态补偿标准仍然偏低,以公益林补偿标准为例,虽然各地也在逐年提高森林生态效益补偿标准,江西省生态公益林补偿标准提高到 21.5 元/亩,广东省生态公益林每亩补偿标准提至 28 元,但这依旧无法补偿生态保护地区发展机会成本的损失,甚至连其生态服务供给的直接成本也无法足额补偿,更没有考虑生态服务价值。

三是补偿方式比较单一。生态补偿方式主要以资金补偿为主,补偿资金力度和使用范围有限,农民的后续转产以及产业扶持等缺乏政策引导。水权和排污权出让、转让、租赁的交易机制还没有真正建立起来,对口协作、产业转移、人才培训、共建园区等多元化补偿方式开展不足。这都需要通过建立以生态产品产出能力为基础的、反映市场供求和资源稀缺程度、体现自然价值和代际补偿的生态补偿制度来解决。

1.2.3 市场化、多元化生态补偿机制的政策导向不足

在经济发展新常态和政府财政收入增长放缓的大背景下,市场化、多元化生态补偿发展的滞后,将影响生态补偿机制的整体发展和生态文明建设的深入推进。虽然国家已经出台的一系列政策文件中都提到市场

化、多元化生态补偿机制，但大多散落在发展改革委、生态环境、自然资源、农业农村等多个部门制定的政策文件中，这些部门都有其各自的补偿管理方法和程序，对生态补偿要求的侧重点不同，缺少对市场化、多元化生态补偿机制的系统性和共性分析。市场补偿是在生态服务价值提供者与受益者界定清晰的一定区域内，将生态服务当作生态产品，根据市场规则自发组织交易的补偿行为，具有方式灵活、补偿主体多元化、补偿主体平等自愿等特点。多元化补偿机制是从政府与市场、政府与社会、中央政府与地方政府、政府内部各部门之间的良性互动关系出发，明确各治理主体的责任，形成激励相容机制。因此，建立市场化、多元化生态补偿机制是一项系统工程，涉及面宽、综合性强，需要有专门的顶层设计对以往"零碎化"的生态补偿方式进行"系统化"总结与提炼，以及应对新时代新要求的创新。一方面，要综合考虑市场竞争、成本效益、质量安全、区域发展等因素，确定可行的市场化补偿方式；另一方面，鼓励有条件的生态受益地区与生态保护地区根据财力情况、实际需求以及操作成本等协商确定多元化补偿方式，建立持续性绿色利益分享机制。

1.3 有助于协调经济发展与环境保护的矛盾

1.3.1 生态补偿已经呈现出良好的生态与社会效应

作为一项社会经济发展和生态环境保护之间的矛盾协调机制，我国生态补偿政策在不断提升和维护当地生态服务功能的基础上，也呈现出良好的生态与社会效应。通过补偿，各类生态保护区域面积均有增加，当地生态服务功能得到提升，农牧业生产条件逐步改善，带动了产业结构调整和发展，同时通过易地搬迁、加强基础设施建设、完善社会保障配套政策等多措并举，当地逐步走上生产发展、生活富裕和生态良好的生态文明发展道路。

1.3.2　以生态补偿解决生态产品与生态供需的不匹配

我国生态功能重要地区与经济欠发达地区在地理分布上高度重合，这些区域既发挥着"生态保障""资源储备"的功能，又承担着乡村振兴的任务。长期以来，我国对这些地区的生态补偿政策以项目工程为主，巨额的财政转移支付资金为生态补偿提供了良好的基础，对生态保护地区损失的发展机会成本给予了一定的补偿，但同时这些政策因具有明确时限，缺乏可持续性，给实施效果带来较大的风险。

要解决生态产品与生态供需的不匹配、上下游间积极性不匹配、资金需求与投入总额不匹配的问题，一方面，要提供足够的资金供给，探索通过环境与资源产权出让、推广新型绿色金融工具等方式吸纳社会资金进入生态补偿领域，弥补财政转移支付与当地生态补偿实际需求的缺口。另一方面，按照区域不同类型生态系统的功能特征系统谋划功能空间和策略，探索利益分享的新模式、新做法，创新区域合作形式，推动补偿方向从单纯的经济领域向社会领域全面展开，促进生态保护地区和受益地区资源双向流动，最大限度地补偿生态保护地区因产业转型带来的发展机会损失以及原有产业的劳动力溢出等成本。

2

市场化、多元化补偿的内涵和要素

2.1 市场化内涵分析

国外学界多把市场化称作"经济自由化"，实质上是基于经济自由主义信奉完全竞争市场标准的反映，侧重于政府行为是否越过完全竞争市场经济所要求的界限。例如，美国遗产基金会（Heritage Fundation）就明确将经济自由化定义为：对于政府在生产、资本、消费等方面管制的消除。弗拉瑟研究所（Fraser Institute）也同样带有这种倾向。我国20世纪90年代中前期关于市场化测度的文献也倾向于认为市场化就是政府管制的放松，强调对政府行为的改造与规范，把市场化的过程理解为经济运行由指令性计划经济向非计划经济转变的过程。20世纪90年代后期开始，国内文献中开始出现市场化是一个建立市场经济制度和机制的过程的见解。在强调放松政府管制的同时，也强调市场制度的建设与完善。例如，陈宗胜等认为，市场化的实质是市场机制作用增强，供求、竞争、价格、风险机制在经济中所起作用越来越强的一个变化过

18

程。樊纲等认为，市场化是一系列经济、社会、法律乃至政治体制的变革，是一次全面的制度建设和体制改革。洪银兴等也赞同这一观点。

总体来说，对于市场化的概念，学术界较为统一的观点如下：市场化就是市场对资源配置起基础性作用的过程，或市场化是指经济运行中资源配置的手段逐渐向市场机制转变的过程。

2.2 市场化生态补偿表现形式

国际上在研究与生态补偿相关问题时常用到"生态/环境服务市场"（market for ecological/environmental services）的概念，Landell-Mills 在 2002 年提出，"环境服务市场"是用正确的价格信号建立起环境服务的提供者和受益者之间的联系。环境服务市场是国际开展市场化生态补偿实践得以实现的基础，目前应用最为广泛的是水文服务市场，国际环境与发展研究所（IIED）研究了 22 个国家的 62 例水文服务市场，其中私人部门数量占环境服务提供者数量的 65% 和付费者数量的 60%，但政府仍然是水文服务的最大的付费者。同时研究表明，68% 的案例是关于当地市场，而只有 11% 的案例关于全国市场，3% 的案例关于国际市场。通过市场运作生态补偿往往有两种角度：一种是直接把资源环境作为市场交易对象；另一种是通过市场交易机制间接地实现生态补偿。

2.3 多元化生态补偿内涵

参与主体的多元化。实际上，市场化必然伴随着参与主体的多元化。从公共服务市场化的角度看，政府不再是公共服务的唯一提供者。公共服务市场化要求政府从公共服务的生产领域退出，或者是放开某些公共服务领域，让市场主体参与。公共服务市场化可以通过招标、合同承包、特许经营等方式向社会公众提供公共服务。而进行投标、承包、申请特

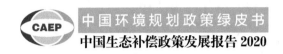
许经营的往往是私人企业或非政府组织，因此，公共服务由原来的政府单独提供，转化为由政府、私人企业、非政府组织提供，或是由其中的两方或三方共同提供。换言之，公共服务的供给主体由原来的政府单一主体变为政府、私人企业和非政府组织等的多元主体。从生态补偿机制的角度看，伴随着市场化进程和补偿机制的不断演变，生态补偿的主体和客体也必然会由最初的以政府为主拓展到政府、私人企业、非政府组织甚至个人等多元主体和客体，根据其在不同情境下保护、受损、破坏、获利的活动属性，可充当组织者、筹资者、受偿者等不同角色，在"谁来补、补给谁"这一关键环节上实现多元拓展。

实现形式的多元化。除了目前常用的直接资金补偿的方式，还可通过项目补偿、实物补偿、政策补偿、智力补偿、产品溢价（生态标记）、惠益分享等方式来实现生态保护和利用效益的公平性与科学性。其中：①项目补偿指通过实施项目，直接促进项目实施区的生态环境保护，社会资本也可进入。②实物补偿是指补偿者运用物质、劳力和土地等进行补偿，给受补偿者提供部分的生产要素和生活要素，如退耕还林（草）政策中运用的粮食补偿。③政策补偿是指上级政府对下级政府的权利和机会补偿，受补偿者在授权的权限内，利用制定政策的优先权和优惠待遇，制定创新政策、促进发展并筹集资金。④智力补偿是指补偿者开展智力服务，为受补偿地区或群体提供无偿技术咨询和指导，输送和培训技术人才、管理人才等各类专业人才，提高受补偿地区的生产水平。⑤产品溢价（生态标记）实际上是对生态环境服务的间接支付方式，依托保持和提高生态系统服务功能的活动，使生物产品、土地产品等相关产品获得更高的附加值或品牌溢价，消费者以超出一般产品的价格购买了附加在这些产品上的生态服务功能的价值，是对生产这类产品所付出的保护生态环境的额外成本进行了间接补偿。⑥惠益分享主要是指生物多样性的惠益分享，针对在生物多样性保护过程中所涉及的遗传资源，在利益相关方之间进行公平合理的利益分享，从生物多样性遗传资源中获利的相关方应该向生物多样性的保护者进行补偿。

2.4 基本原则

为推进生态环境的保护和改善，建立市场化、多元化生态补偿机制，既要把握生态补偿机制的基本原则，又要遵循市场化、多元化的规律。

（1）需求方付费原则

包括从生态环境中获得利益的单位和个人、开发利用环境资源的单位和个人在内的生态系统及其产品或服务的需求方，必须为生态环境的保护修复付费，或对为此付出努力的地区和人民提供适当的补偿。

（2）破坏者付费原则

对环境造成污染的单位或个人、造成生态环境和自然资源破坏的单位和个人，必须以支付必要费用、实物或项目的形式，承担对污染源和被污染的环境进行治理，将破坏的环境资源予以整治和恢复的责任，并赔偿或补偿因此而造成的损失。

（3）有偿供给原则

生态系统及其产品或服务的供给方为保护修复生态环境产生的直接成本或间接成本应获得相应补偿，被污染或破坏的生态环境和自然资源也应获得整治和恢复，或相应的赔偿。

（4）建立市场原则

通过建立市场，力求以价格来体现生态环境的价值存在，并用价格来调节利益相关方的供求关系，从而实现经济上的最优分配。

多方参与原则。指政府、企业、非政府组织甚至个人等多元主体，都可以根据自身在生态环境保护、利用、开发、损害活动中的权责关系

参与生态补偿。

2.5 特征要素

根据市场化、多元化以及生态补偿的定义和内涵（图 2-1），本书认为，市场化、多元化生态补偿机制实施的特征要素包括以下 4 个方面：

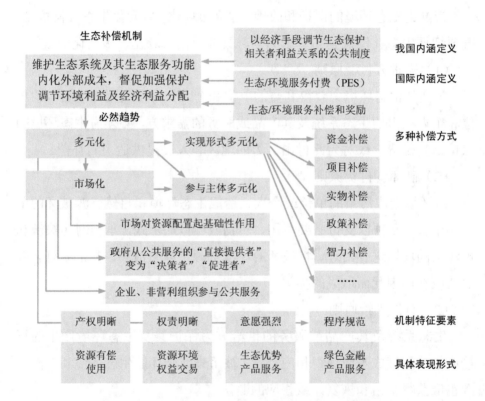

图 2-1 市场化、多元化生态补偿内涵解析

（1）产权明确

生态系统及其产品或服务的产权界定，自然资源资产权属的明确，是生态补偿市场化机制实施的必要条件。科斯认为，产权效率直接影响

到资源配置的效率，产权明晰并且交易费用为零或很少时，才可以运用市场实现市场资源的最优化配置。

（2）权责明晰

市场主体明确，生态产品或服务的供给者、需求者、破坏者可以明确界定，包括价格在内的市场信号明确且准确，市场化补偿的标准或依据可以计量。在此基础上，各主体之间的权利和义务相对明晰，且可以针对市场交易的购买关系进行价值化的核算。

（3）意愿强烈

供需双方必须都有进行市场行为的强烈意愿，否则市场化、多元化生态补偿机制无法得以实现。政府、企业、非政府组织和个人也需要有组织和参与生态补偿活动的意愿，才能实现补偿主体的多元化。但共同意愿往往取决于生态产品或服务的稀缺性，归根结底还是供求关系的体现。

（4）程序规范

市场化、多元化的生态补偿机制需要有规范的程序、成熟的运作、透明的信息和公开的平台，包括合理的定价、竞价机制，科学的生态服务价值评估机制，生态产品及服务认证体系，规范、公正的交易平台，市场交易仲裁机制，以及成熟的组织协商机制等。

根据以上对生态补偿、市场化、多元化相关概念的梳理，本书认为，符合我国实际需求的市场化、多元化生态补偿机制应该是这样一种经济激励制度：遵循市场规律，以市场机制为杠杆，通过多种形式的经济利益分配方式，调节利益相关方的生态环境保护/损害以及从生态环境中获益/受损的权责关系，从而达到内化外部成本，以更有效的资源配置方案实现生态环境的改善、维护和恢复的目的，具体表现形式包括自然资源有偿使用、排污权交易、水权交易、碳排放权交易、生态产业、绿色标识、绿色采购、绿色税收、绿色协作、生态旅游、绿色金融等。市场化生态补偿主要模式见图 2-2。

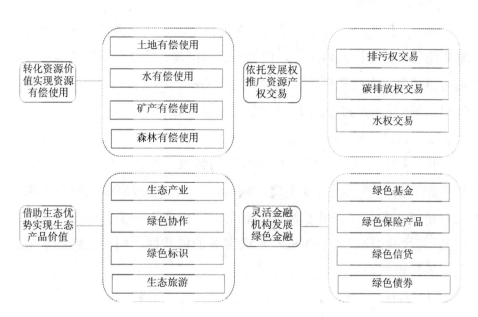

图 2-2　市场化生态补偿主要模式

3

国外市场化、多元化补偿的
相关案例及进展

国外开展市场化生态补偿主要包括企业自发的市场性行为、企业和政府合作的交易和消费者付费行为等模式，典型的案例主要有美国"酸雨计划"关于 SO_2 的交易、美国科罗拉多河水权交易、美国对生态友好行为的税收优惠制度、法国威泰尔矿泉水公司水源地保护项目等，通过市场化模式获得更多的补偿资金来进行生态的补偿和建设，可以为生态的发展提供一条可持续发展的道路，有效避免财政方面的缺口，有助于生态环境的可持续发展。

3.1 国外开展市场化、多元化补偿的典型案例

3.1.1 企业自发的市场补偿模式

3.1.1.1 依托生态旅游提升生态功能重要区域收入水平

生态旅游生态补偿相较于矿产资源开发等生态补偿起步较晚，是随

着人们生活水平的提高，开始对良好生态环境质量有需求之后才逐步兴起的。在我国，处于生态功能重要区域的人们为了生态环境保护做出了巨大贡献，而且由于国家战略定位和开发政策的影响，为保护生态环境丧失了很多发展机会成本，经济相对落后，如何在生态功能重要区域生态环境保护和经济发展之间取得有益的平衡至关重要。生态旅游生态补偿作为一种"内在协调"方式，能够有效统筹协调各方利益关系，达到旅游发展与生态功能保育兼顾的目的。国际上很多国家较早重视生态功能重要区域的环境保护，推行了一系列的政策和投资项目，推进人与自然的和谐发展，如玻利维亚和厄瓜多尔在自然保护区开展市场化生态补偿项目，社区参与自然保护区旅游门票收入分成，提成收入统一用于社区基础设施建设，社区居民获得建设和经营家庭式旅馆的许可；自然保护区的建立和维护改善了当地的生态环境状况，良好的生态环境质量促使旅游收益逐年提高，实现了生态环境质量和经济的良性循环。由此可见，市场化生态补偿机制能够运用市场行为建立针对生态环境保护和维护者的一种利益驱动机制、激励机制和协调机制，这些市场行为最终使受损地区的环境质量得以恢复和提升，并实现可持续发展。在实施以生态旅游为手段的补偿方式时，需要坚持生态环境优先的原则：一方面，生态环境质量是旅游经济发展的保障和源泉，而旅游经济的发展可以补偿生态产品供给者的直接和间接成本，促使和支持他们继续维护生态环境。另一方面，过分地追求经济效益会导致生态环境的恶化，而生态环境的恶化又会影响旅游经济发展的可持续性。

3.1.1.2　发展生态产业补偿生态产品供给者

由于自然禀赋的特征，在世界层面上看，贫困地区与生态重要性高或生态环境脆弱地区往往相互重叠，这种情况往往会导致当地居民生产活动对自然资源的依赖性较强,高附加值产业缺乏、发展受限,从而造成贫穷—破坏性生产—贫穷的恶性循环。国际社会较早开始关注这一问题。1992 年内罗毕会议通过《生物多样性公约》(CBD),"将生物多样性融入减贫和发展中"是其会议议程之一。2002 年在约翰内斯堡召开的可持续发展世界首脑会议上,各国领导人确定了一个共同目标——到 2010 年,在全球、区域和国家各级,大幅降低目前生物多样性丧失的速度,促进减贫,造福地球所有生物。2010 年生物多样性国际日的主题是"生物多样性促进发展和减缓贫穷"。在世界范围的实践中,以依托生态资源禀赋发展相关产业并以惠益分享(ABS)的形式反哺、增加生态重要或脆弱区域的"造血功能",是实现生物多样性减贫的重要路径,同时也与市场化、多元化生态补偿机制的"需求者付费""有偿供给"原则一致,可以将其视为市场化、多元化生态补偿机制的一种表现形式。近年来,我国也更加重视绿色发展与减贫的融合,开始探索通过构建绿色资源与贫困地区经济、社会价值循环机制,最终达到减贫与可持续发展双重目标;在此背景下,更应从国际相关实践中汲取经验教训。

根据相关研究,目前较为常见的以减贫为目的的生态产业包括如表 3-1 所示的 9 种,效果不一。另外还有依托遗传资源发展的生物技术产业在部分地区得到应用。由于遗传资源的巨大潜在价值及其分布的不合理性,发展中国家享有丰富的自然资源却并未拥有相应的开发技术,反之发达国家的跨国公司、研究机构以及其他有关生物产业的组织凭借其生物技术优势,未经遗传资源拥有国及当地社区的知情和同意,利用这些国家的遗传资源和相关传统知识进行科学研究、商业开发和专利申请,不与遗传资源提供国进行惠益分享,进行"生物剽窃"。尽管《生物多样性公约》等一系列条约将公平公正地分享利用遗传资源所产生的惠益作为三大目标之一,但发展中国家依托生态资源发展生态产业、获

得应有利益的道路仍然走得比较艰辛，相关实践既有较成功的案例，也有最终失败的尝试，还需要继续探索以更严密的法制和监管、可操作性更强的利益分配方式来推动生态产业发展，实现对生态资源保护者和提供地区的补偿。

表 3-1　世界范围内常见的生物多样性保护减贫手段

经济手段	减贫效果	受益人群	其他效果	起到减贫效果的因素
林下经济	较低	极贫困人群 较富裕人群	营养价值和药用特性	生物量
社区木材企业	一般	极贫困人群 一般贫穷人群 较富裕人群	更强的社区组织能力	生物量
自然旅游	较高	一般贫穷人群 较富裕人群	基础设施和公共服务	生物多样性
鱼类资源培育及溢出	较高	极贫困人群 一般贫穷人群 较富裕人群	更高的社会凝聚力	生物量
红树林	一般	极贫困人群 一般贫穷人群	减少海岸侵蚀、防止风暴破坏，以及更丰富的鱼类资源	生物量
保护地工作	较低	一般贫穷人群 较富裕人群	对当地工作有带动作用	生物多样性
农林复合经营	一般	一般贫穷人群 较富裕的土地所有者	有助于平衡收入波动	生物量
草原经营	较低	不明确	更高的社会凝聚力	生物量以及生物多样性
农业生物多样性	一般	一般贫穷人群 较富裕的土地所有者	全球农业效益	生物多样性

专栏 3-1 巴西生物多样性技术产业

亚马孙热带雨林位于南美洲，面积达 700 万 km^2，占据了世界热带雨林面积的一半，占全球森林面积的 20%，是全球面积最大及物种最多的热带雨林，对全球气候和生态环境具有举足轻重的影响。但亚马孙雨林的乱砍滥伐、毁林开荒现象非常严重。目前，巴西正试图探索以利用生物多样性资源开发新产品的形式，提高当地居民收入水平，同时保护亚马孙森林资源。

巴西生物科学国家实验室（LNBio）与巴西能源和材料研究中心、Phytobios 公司合作创建了药物开发平台 Molecular Powerhouse。巴西能源和材料研究中心是一个私人研究和开发机构，主要由公共资金资助，并开放与私营企业和外国研究机构的合作；Phytobios 总部位于圣保罗大都市区的巴卢韦利，是一家致力于开发和营销基于生物制药、化妆品和食品行业的技术的公司。药物开发平台 Molecular Powerhouse 目前已经收集了来自巴西生物的 4 000 种高质量提取物，并与公共和私人实体建立了伙伴关系。近期 Phytobios 公司开发了一种来自番石榴的番茄红素，这种物质相比传统的番茄烯丙醚性质不稳定，需要通过纳米技术稳定，可以用于功能性和运动饮料。

生物多样性和可持续性也是巴西第二大化妆品公司 Natura 研发的化妆品产品的主要卖点。Natura 将自身定位为"绿色天然植物"公司，其产品含有 70% 的草本成分（以干重计算），其中 10% 的原材料是从亚马孙流域的乡村和部落居民手中购得的。Natura 将"利用企业的力量来解决社会和环境问题"打造为品牌形象，通过与巴西大学合作的研究计划，保护巴西的生物多样性，这使其在 2020 年首次公开上市时，便获得了 B 级认证，B 级认证公司代表着其自愿为满足社会和环境绩效，实施问责制，遵守公开透明及严格的生产标准。该公司开发并推出了一种由鸟库巴（Ucuuba）制成的奶油，这种奶油可以从高达 60 m 的濒危亚马孙树的种子中提炼出来；Ucuuba 具有独特的保湿功效，不会具有黏性。这种亚马孙树曾经被大量砍伐以用来制造扫帚或搭建建筑，但现在当地居民正在保护这种树，并从中收集掉落的种子。

3.1.1.3 以湿地"信用"交易获取补偿资金

湿地作为重要的自然资源，其重要性在世界范围内已经逐步得到广泛的重视。缓解银行是一种第三方补偿机制，指由一些专业从事湿地恢复的实体在一块或几块地域上恢复受损的湿地、新建湿地、强化现有湿地的某些功能或者特别保存现有的湿地，然后将这些湿地以信贷的方式通过合理的市场价格出售给对湿地造成损害的开发者，其实质是一种恢复、保存湿地的措施。开发者可以从缓解银行那里购买湿地"信用"存款（指开发者在缓解银行所购买的湿地面积数量）以补偿开发项目所造成的任何损失或借款（指缓解银行将支付给开发者的湿地面积数量）。

世界各国正在逐步推行和运用湿地生态补偿制度，以加强本国的湿地保护工作。建立湿地生态补偿制度，可以用经济手段来解决湿地生态建设中的资金来源问题，协调公益性湿地保护与地区发展之间的矛盾。湿地缓解银行是一种充分利用市场力量和社会资源进行生态补偿和生态修复的机制。从全球来看，以湿地缓解银行为代表的缓解银行模式也在多个国家得到了应用。由于传统的由湿地开发被许可人自行补偿的方式成功率并不高，甚至引起了湿地的退化和破碎化，而缓解银行制度则可以很好地克服这些弊端，因此受到政府和民间环保组织的普遍认同。

专栏 3-2 美国湿地缓解银行

美国的湿地缓解银行（Wetland Mitigation Banking，以下简称缓解银行）是美国生态补偿机制中一个重要的市场化构成。缓解银行主要由《清洁水法》《河流和海港法》《联邦关于建立、使用、运营湿地银行指南》等法规约束和指导。

缓解银行"信用"的提供方是缓解银行经营者，可以是政府、企业、非营利组织或其他主体。缓解银行经营者在设立缓解银行时需要向陆军工程兵团提供金融保证、缓解计划等银行建立所需的审核文件并接受审核。在缓解银行运行过程中，经营者需要承担管理责任（如补偿区域的保护），建立长期管理融资机制，也可以经陆军工程兵团审核批准后将长期管理责任转移给政府、非营利组织、私人等土地管理实体。"信用"购买客户是会对湿地造成潜在影响的湿地开发许可申请者，可以是任何私人或公共机构，他们通过从缓解银行购买"信用"来履行他们的补偿义务。这些个人或组织体现了对补偿缓解信用的社会需求，他们并不需要参加实际的补偿缓解工作，只是一个纯粹的缓解信用购买者。

缓解银行的交易计量单位是"信用"，代表着缓解银行对该区域进行补偿后所累积产生的水生态系统服务量，一般以 0.404 7 hm^2（1 英亩）为 1 个"信用"。缓解银行"信用"交易的实质是将开发者的补偿责任通过交易转移到缓解银行经营者，而对相关湿地的财产权并不造成影响。被批准的开发行为所带来的影响必须在核准的缓解银行服务区域内，并且该银行有恰当有效的"信用"数量和资源类型来进行"信用"交易。对缓解银行来说，"信用"的产生可以通过修复、创建、优化或保留的方式进行。"信用"产品必须反映出对补偿区域实施补偿之前和之后的区别，对区别的评估可以采用功能评估或状况评估等方式。1990—2020 年，美国湿地银行信用单价在波动中不断提高，2012 年、2017 年达到 20 万美元以上，2020 年回落到 11 万美元左右。据 EASI 公司跟踪估算，美国现有认证缓解银行信用资产 2 960 亿美元，2019 年缓解信用销售额达到 120 亿美元，68.8 万 hm^2 土地得到永久保护，缓解银行已经成为美国当前最大也是最成熟的生态服务交易市场。

3.1.1.4 企业与生态产品供给方开展绿色协作

关于绿色协作，目前国际上没有一个公认的定义和概念，其本质与生态补偿的需求方付费、有偿供给等核心思路和基本原则一致，都是通

过调整利益相关方经济利益分配关系来实现维护和恢复生态系统服务功能。本书认为，绿色协作既包括不同政府主体间在生态环境保护权责关系上的分工协作，也包括企业等团体由于自身需求对生态产品供给地区提出生态环境保护的要求并提供相应补偿，补偿相关方往往围绕特定标定达成自愿协议，以实现共赢。从全球来看，与地区政府间、企业-区域间绿色协作相关的案例非常丰富，发达国家、发展中国家中均有相当多的实践案例。比如法国威泰尔矿泉水公司水源地保护项目，投资约900 万美元在水源区以高于市场的价格购买了 1 500 hm² 农业土地，将土地使用权无偿返还给那些愿意改进土地经营措施的农户；与 40 多个愿意转变生产经营方式的农场主以每公顷土地 320 美元（连续 7 年）的价格签订 18～30 年的生态补偿合同（总土地面积为 1 万 hm²），以此补偿农民由于转变生产方式和使用新技术可能带来的风险，补助水平达到了农场可支配收入的 75%以上，同时提供免费的技术支持，从而改进当地农业生产方式，保障水源质量。此外，法国国家农艺研究所和法国水管理部门也投入了部分资金支持研究和技术改进。

政府间往往是通过财政转移支付，由生态服务价值溢出受益地区政府向生态服务供给地区政府提供资金补偿和其他形式的经济、环保工作协作；企业-区域间的绿色协作一般是由企业向生态产品供给地区的居民提供生产生活资料，同时要求其转变生产生活方式，避免损害生态产品质量，而该生态产品是企业生产所必须依赖的。事实上，我国也有大量的类似情景，可以参考、借鉴相关国际案例并进行本地化改良，以使其符合实际需求。

3.1.2　企业和政府合作的市场补偿模式

3.1.2.1　多元主体的矿产资源开发补偿

矿产资源是我国经济发展的重要支柱，矿产开发在带来经济利益的同时也极大地破坏了生态环境，如固体废物不合理堆放引起的泥石流问题，尾矿废渣引起水体的重金属污染，非金属矿山的开采产生的粉尘造成的大气污染和开采引发的严重的水土流失。随着生态环境保护意识的增强，我国矿产资源开发地区也积极探索生态补偿模式，用于辅助矿山的保护与修复，但目前我国在矿产资源生态补偿领域尚没有形成完整的理论体系和制度框架。国外工业发达国家早在 20 世纪中期就开始了矿产资源生态补偿的理论研究和实践探索，如美国、德国和英国等，基本形成了以政府为主导、以矿区生态恢复和环境治理为主要方向的政策法规体系，明确了多元主体的补偿责任、基于市场竞价得出的补偿标准、权益购买或基金支付等补偿方式。同时也建立了较为完善的矿区土地复垦制度，这些土地复垦制度明确了土地、矿业、环境、农业、执法等有关部门在土地复垦中的职责和义务、废弃矿山和新建矿山的不同修复方法和补偿标准等。

由于国情的不同，各国资源开发生态补偿政策存在很大差异，就生态补偿经济政策而言，美国主要有复垦基金制度和复垦保证金制度，德国主要有矿井关闭与复垦保证金制度，而英国主要有土地复垦基金、环境管理费、废物排放费、损失补偿制度、环保研究费等。总的来说，国外资源开发生态补偿以明确责任主体、制定科学的生态恢复标准、严格管理制度等为基础，建立了矿产资源恢复补偿金、生态税（费）、市场交易、财政转移支付等多种手段相互支持的较为完整的生态补偿

框架体系，为我国资源开发多元化、市场化生态补偿机制构建提供了思路和借鉴。

专栏 3-3　美国矿产资源开发生态补偿

美国是最早制定矿产资源开发生态补偿法律政策的国家。20 世纪初，美国一些矿区就自发地对因矿产资源开发造成破坏的植被进行恢复和治理，1920 年，美国出台了《矿山租赁法》，1939 年，西弗吉尼亚州首先颁布了第一个有关采矿的法律——《复垦法》，对矿区环境修复起了很大的促进作用。此后，印第安纳州、伊利诺伊州、宾夕法尼亚州、俄亥俄州、肯塔基州陆续运用法律手段管理采矿的生态环境修复工作。1977 年，美国颁布了第一部全国性的矿区生态环境复垦法规——《露天采矿管理与复垦法》，并确定了美国矿产资源开发领域的生态补偿三大制度，即恢复治理（复垦）基金制度、矿区复垦许可证制度、恢复治理（复垦）保证金制度。

恢复治理（复垦）基金，又被称为"联邦政府的超级基金"，属于美国国库账中的一项，由内政部长管理，主要用于复垦法律制定前废弃矿山的生态损害的恢复治理。基金主要来源于以下渠道：一是对生产中的矿业企业按开采量从量征收废弃矿山修复费，征收标准为露天开采的煤每吨缴纳 35 美分，地下开采的煤每吨缴纳 15 美分或售价的 10%，褐煤则每吨缴纳 10 美分或售价的 2%；二是按照法律规定恢复治理后的土地征收使用费减去养护该土地的开支后余下的款项；三是根据法律规定重新收回的其他款项；四是任何个人、公司、协会、团体、基金会为保护矿区环境提供的捐款。此外，美国各州设立州废矿恢复治理（复垦）基金，内政部长根据经过批准的恢复治理计划由国家废矿恢复治理（复垦）基金拨出补助金，形成州基金。

矿区复垦许可证制度。该制度规定，任何单位或个人进行新矿区露天采煤作业或者重新打开已废弃矿区时，必须持有"双证"，即不但需要依照程序取得矿区开采许可证，还需要取得州管理机构或内政部所颁发的复垦许可证。为获得许可证，复垦者同样要递交申请书，其内容包括开采许可证、待开采区环境评价和矿区使用计划。

矿山复垦保证金制度。即生产建设企业的经营者为履行土地复垦义务，按政府规定的数量和时间缴纳保证金，如果企业按规定履行了土地复垦义务并达到了政府规定的恢复标准，政府将退还该保证金，否则政府将动用这笔资金进行土地复垦工作。

美国在实施《露天采矿管理与复垦法》时，明确划定了矿区复垦的界限，即将矿区复垦分为法律颁布前和法律颁布后，对于法律颁布前已废弃的矿区，由国家通过建立复垦基金的方式组织恢复治理，法律颁布后的矿区由矿区企业实施恢复，为了使开采企业承担合理的生产费用，美国对于复垦基金的征收以现存废弃矿山数量以及可支配的基金余额为依据采取分阶段的方式进行，1977—2020 年美国所收取的废弃矿山复垦基金标准不变，2020 年起，美国对于废弃矿山复垦基金的征收标准将下调 20%。

3.1.2.2　通过排污权配置将企业纳入补偿主体

1968 年，美国经济学家戴尔斯最先提出了排污权交易的理论。所谓排污权交易，是指由政府环保部门评估某地区的环境容量所容许的最大排污量，然后根据排放总量控制目标将其分解为若干规定的排放份额，即排污权，并允许这种权利像其他商品一样被自由买卖，以此来控制污染物的排放，实现环境容量的优化配置。我国排污权交易起始于 20 世纪 80 年代的水的排污权交易，1985 年，上海市在黄浦江上游实行总量控制和许可证制度，1987 年实行了排污权交易。随后，1993 年国家环保局开始探索大气排污权交易政策的实施，并以太原、包头等多个城市作为试点。但我国排污权交易一直存在交易制度缺乏法律法规依据、初始排污指标难以公平公正地分配、排污监管难且市场交易机制不完善等

问题。而美国、德国、澳大利亚等国家由于较早开展排污权交易探索与实践，在排污权法律法规、许可证分配方式以及监督管理体制机制上都有很多成功经验值得我们借鉴。

国外较早开始排污权交易的实践与探索，但覆盖领域主要涉及大气和水。排污权交易得以顺利实施主要在于以下几个方面：①有健全的法律作保障。无论是大气 SO_2 的交易还是水质交易都有明确的法律作为依据，《酸雨计划》中的排放许可限定了 SO_2 的排放限额，《清洁水法》中的排放许可限定了水质污染物的排放限额。②强化监测和明确责任。只有准确监测和量化污染源的排放情况才能推进产生实质性交易，并确保排污信用的有效性。③强化了部门协作。无论是大气还是水的排污权交易，均是在联邦政府制定的法律框架之下进行的，各州依照联邦政府的标准，制定便于执行、灵活的规定，而且多部门为推进排污权交易而通力合作。总体而言，国外的排污权交易无论是在法律法规、排放许可证制度、交易程序还是监管制度上都可为我国排污权交易提供一定的借鉴。

3.1.2.3 以碳排放权抵消机制补偿减排活动

温室气体排放与全球变暖已经成为全世界面临的重要挑战，而减少二氧化碳排放是减缓温室效应的重要手段，随着《联合国气候变化框架公约》《京都议定书》等一系列文件的签署，国际上许多国家为了实现对《京都议定书》的承诺，纷纷开展碳排放权交易实践，目前已经形成了较为完善的交易体系。由于国情的不同，这些交易体系内部存在一定的差别。碳排放权交易体系可以分为两种：一种是基于配额的碳排放权交易体系，另一种是基于项目的碳排放权交易体系。基于配额的碳排放权交易体系采用总量管制与交易的方法，由管理者确定并分配碳排放配额。基于项目的碳排放权交易体系可以细分为联合实施项目和清洁发展机制项目，联合实施项目侧重投资项目产生的减排量以获取减排信用，而清洁发展机制项目则侧重在无减排义务的发展中国家通过实施技术改造，获取认证减排量。欧盟、新西兰、澳大利亚等国家和地区虽然碳排放权交易制度存在一定的差异，但也有很多共同点，一是以完善的法律制度为依据，均实行碳排放配额制度，在起始阶段，国家免费发放碳排放额度，随着交易机制的逐步建立，碳排放配额分配也逐步向市场化靠拢。二是随着实践的深入，碳排放权交易机制逐渐明晰，碳排放权交易流程规范化、碳排放权交易价格根据市场机制动态化，并形成了固定的交易场所或交易网站。三是碳交易的覆盖范围日益扩大，之前的碳汇交易往往集中于企业之间、国家之间，而随着交易市场的活跃化，交易主体逐步向农场主、林场主延伸，个体碳汇交易形式逐渐丰富。四是定价机制因不同交易阶段分为政府辅助或完全由市场定价两种形式。总之，国际碳排放权交易案例为我国碳排放权交易主体的多元化、交易价格机制的完善和交易形式的多元化都提供了较好的经验。

专栏 3-4　新西兰碳排放交易

虽然新西兰温室气体排放总量只占全球的 0.2%~0.3%，但是人均排放量却远高于世界平均水平。按照《京都议定书》相关规定，在第一承诺期内（2008—2012 年）新西兰必须将其温室气体排放量控制在 1990 年水平上，即 3 566 万 t 二氧化碳当量。2011 年新西兰又确立了到 2020 年温室气体排放量比 1990 年减少 0%~20%、到 2050 年减少 50%的目标。为实现上述减排目标，新西兰建立了碳排放交易体系。

1. 碳排放交易体系的管理机构

新西兰经济发展部是温室气体排放交易体系的管理机构。

2．碳排放交易体系构成

新西兰政府计划在 2008—2016 年，逐步将国内排放温室气体的部门全部纳入新西兰的碳排放交易体系。2008 年，新西兰的林业被最先纳入碳交易体系，根据 2009 年的统计，新西兰的森林碳汇大约消除了新西兰国内 25%左右的温室气体的排放量。交通燃料和工业的温室气体的排放量占到全国总排放量的36.5%，于 2010 年 7 月被纳入碳交易体系。最后纳入碳排放交易体系的是新西兰的农牧业，根据 2009 年的统计得知农牧业温室气体的排放量占到全国总排放量的 46.5%，为了避免农牧业可能对经济产生的影响，在碳排放交易体系相对成熟之后，农牧业的温室气体排放才被纳入体系。

3．排放配额界定

政府成立相关部门，以专业的测量小组对国内企业以前的碳排放情况进行精确测量，在此基础上确定各个企业的排放指标并且根据这个指标确定免费排放配额。

4．交易单位及价格

新西兰设立的国内排放计量单位称"新西兰单位"（New Zealand Units, NZUs）。一个新西兰单位代表 1 t 二氧化碳当量。新西兰政府将 2008—2012 年确定为过渡期，在过渡期内价格主要采取政府定价和价格优惠机制。为防止价格波动扰乱市场，新西兰政府将一个新西兰单位的交易价格固定为 25 新元/t。在过渡期内，排放企业每排放 2 t 二氧化碳当量，只需对应支付 1 个新西兰单位，即排放成本为 12.5 新元/t，即为过渡期外价格的一半。这既可固定价格，防止市场混乱，维护市场稳定，又相对减轻了企业减排负担。

5．交易机制

纳入排放交易体系的参与方必须如实上报温室气体的排放量或对温室气体的清除量、对排放或清除行为分别上缴或获得相应的 NZUs。企业可通过改进技术切实减少排放，或者增加对排放配额的购买，既可购买其他企业多余的配额，也可购买森林碳汇，而且对参与交易的森林碳汇不设上限，只要符合条件的森林均可获得相应的碳汇信用指标参与交易。

6. 运行模式

新西兰碳市场的运行模式采取的是总量控制交易模式，即针对所有部门和所有温室气体，实行在过渡期内不设上限的国家级排放交易计划，按照逐步推进的方式，分阶段将不同行业纳入排放交易体系的交易模式。以林业碳汇市场交易流程为例，其执行程序大致可以按照碳汇排放总量控制、核发碳排放配额、林主登记注册成为参与者、按林地制图划定碳核算区、参与者计量监测报告碳排放情况、开展市场交易、获得碳交易收益或交割排放权这样的顺序开展。

据新西兰政府的统计，2008 年以后新西兰自愿参与森林碳交易体系的有 1 159 家，占所有能源交易的很大一部分，新西兰作为一个森林资源特别丰富的国家，这种森林碳汇交易的市场性行为不仅充分发挥了新西兰的森林资源优势，而且对新西兰的生态环境保护也提供了很好的方式。

3.1.2.4 通过水权配置补偿水资源供给方

随着工业化和城市化进程的加快，社会经济飞速发展，人们对水资源量的需求日益增大，使用量更是与日俱增，很多人口密集、工业发达的地区由于水资源超采严重，河流断流、地下漏斗现象层出不穷，已严重影响到人类的可持续发展，如何科学配置水资源成为流域水资源管理的当务之急。为解决这一问题，世界各国开始积极探索水权交易，水权交易能够充分发挥市场作用优化配置水资源、破解水资源供需矛盾、促进水资源节约保护，目前已经成为解决水资源短缺问题的重要手段。我国虽已开展水权交易，但大多处于实践探索阶段，相关交易机制还不健全，未来迫切需要平衡政府与市场作用，构建基于水权分配的交易制度体系，提升水资源使用效率。美国、澳大利亚等国在水权确权、水权交易和水市场培育等方面的实践历程和主要做法非常值得我们借鉴。通过科罗拉多河和墨累-达令河流域水权交易案例，可以看出成功的水权交易必须以明晰的水权为前提，需要存在一个具有权威性和代表性的流域管理机构，加强对全流域的统一管理、统筹规划、综合协调，才能实现流域水资源的科学配置。另外，明确的市场交易机制和合理的定价机制以及自由灵活的市场交易形式可以促进流域内各用水主体由对立走向合作，有助于进一步优化水资源配置和提高水资源使用效率。

专栏 3-5　澳大利亚墨累-达令河流域水权交易

1. 墨累-达令河流域概况

墨累-达令河流域位于澳大利亚的东南部，是澳大利亚最大的流域，是澳大利亚农业、工业生产以及消费的重要淡水来源，澳大利亚 75%的农业、家庭及工业用水都发生在该流域。墨累-达令河水资源的过度开发导致河流径流量减少，对河流健康与环境产生了重大的影响。

2. 水权交易概况

早在 1915 年，墨累-达令河流域就确定了 4 个州的用水分配协议，但当时尚未产生水权交易。流域从 1980 年开始进行水权交易，1995 年实行水权交易限额制度。流域内的水权交易只是使用权转移，而所有权不变，仍属州里所有，出售方式分为临时和永久两种。在水权交易市场上，销售者可以自行决定出售其多余或不需要的水量，形式非常灵活多样。出售部分水权的收入可用于引进节水技术，以便更进一步提高水的使用效率。自水权市场交易以来，该流域每年约有 1%的水权进行年度转让。

3. 水权交易的原则

水权交易必须以河流的生态可持续性和对其他用户的影响最小为原则，生态和环境用水必须绝对地得到保证，同时供水系统的能力和不同灌区的盐碱化程度控制标准是进行水权交易的约束条件。因此，只有在社会、自然和生态方面都可行的情况下，才可以进行市场化的水权分配交易。

4．水权交易总量控制制度

在澳大利亚政务院 1995 年水工业改革方案中，将环境和生态用水用户确认为合法用户，并由政府授权相应水量用于环境目的。因此，在确定总供水量时，为保证河流健康和生态的可持续发展，对用水量进行总量限制。流域水权交易是在对引用河水实行调配总量限制的基础上进行的。总量限制就是对引水量设定上限以保证河水的调配，所有新的用途（灌溉、工业和城市方面）用水都必须通过购买（交易）现有的所有权来获得。总量限制制度需要市场机制的介入推动墨累-达令河流域内水资源使用权的再分配。

5．水权交易市场机制

在水权交易中，政府和水资源流域委员会积极建立市场机制促进贸易的开展，如经纪人和互联网站。水交易市场独立于州政府机构进行管理，从而减少了政府干预，保证了市场运营的顺畅，这种透明的水市场机制有助于购买者和销售者对水的使用作出最佳决策。

6．水权交易形式

澳大利亚的水资源属于州政府所有，由州政府向个体和团体颁发取水和用水许可证。在对水权进行清晰界定时，澳大利亚严格规定了所有权、水量、可靠性、使用期限、可转让性和水质，并且将水权从土地权中分离出来。通过对水权的清晰界定，水权交易有了交易的明确对象和合法性。在墨累-达令河流域有 4 种可能的贸易形式：

（1）州内临时贸易。临时贸易主要发生在一年内的水调配量在不同用户之间的转移中。由于是临时性的水权交易，价格也相对低一些，一般每年的价格在 0.02～0.04 澳元/m³，价格的变化主要取决于水权拥有者提供的水量可靠性，以及水调配基准、作物生长期及特殊作物的市场价值等因素。

（2）州内永久贸易。永久的水权贸易意味着部分或全部水权的完全转让，其中包括销售者的部分或全部水权的永久减少，或签发新的水权许可证给购买者。永久贸易与临时贸易不同，它需要经过一定的法律程序，如果一个灌溉企业的水权因进行永久贸易而被出售，那么灌溉取水执照也相应地被取消，农田

就成为旱地。一般情况下，州内永久水贸易的价格变化主要取决于特定地区作物的栽培、贸易前水的可靠性及水权许可证的有效年限。

（3）州际临时贸易。澳大利亚近年来降水量明显偏少，以及墨累-达令河流域采取了保护健康河流和生态环境的用水总量限制措施，因此不同州之间的水权临时贸易频频发生。因为州际贸易的出现，相应州法律中有关水资源计量和能够销售的条文也进行了相应的修改。

（4）州际永久贸易。不同州（区）之间的法律体系和水权交易程序及水定价原则不尽相同，因此进行州际贸易前需要对相应的法律问题、产权问题、成本回收和定价、水交易中的交易系数以及包括防止盐碱化在内的环境问题等进行研究。

7. 水权交易价格

2008 年 7 月—2019 年 7 月，澳大利亚墨累-达令河流域水权交易价格的平均值为 0.152 2 澳元/m³，最高价格是 2019 年 7 月初的 0.621 8 澳元/m³，最低价格是 2011 年 4 月的 0.008 1 澳元/m³。

3.1.2.5 通过绿色金融为生态环境保护活动提供融资

绿色金融（green finance）亦称为可持续金融（sustainable finance），是将生态环境保护列为首要原则，充分考虑潜在的环境风险因素，包括环境成本、风险和回报都要贯穿整个投融资决策过程中，注重对环境污染的治理及生态环境的保护，以此引导绿色消费理念变革和企业自身环保意识提高，以及资金、资源向绿色环保可持续发展领域集聚的一种创新型金融模式。绿色金融的主要表现形式包括绿色债券、绿色贷款、绿色保险、绿色基础设施投资等。绿色金融一方面是促使金融机构为污染红利付出代价，从而主动减少对高污染的"黑色项目"进行投资；另一方面是金融机构将资金投入生态环保和绿色发展工作中。

国际上绿色金融产品与服务于 21 世纪初开始起步，现已形成了以绿色债券、绿色信贷、绿色保险、绿色基金、绿色基础设施投资等为主要表现形式的绿色金融体系，并在不断创新发展中，逐步从仅针对企业扩展到个人业务。2003 年 6 月，花旗集团、荷兰银行、巴克莱银行与西德意志银行等一批私人银行根据世界银行的环境保护标准与国际金融公司的社会责任方针，形成了"赤道原则"，要求金融机构在向一个项目投资时，要对该项目可能对环境和社会造成的影响进行综合评估，并且利用金融杠杆促进该项目在环境保护以及周围社会和谐发展方面发挥积极作用。

美国、英国、德国、韩国等发达国家均已形成了较为完善的绿色金融体系，从法律约束保障、政府财政支持、企业积极创新、配套制度监管等方面构建了绿色金融体系框架。截至 2017 年年底，来自 37 个国家的 92 家金融机构采纳了"赤道原则"。尽管具体执行程序相对复杂和独立，绿色金融改善、维护和恢复生态系统服务功能，调整利益相关方经济利益分配关系的目的与生态补偿机制是一致的，可以将其视为广义的市场化、多元化生态补偿的一部分，对常规的政府主导的生态补偿机制是一种有力补充。国际相关经验给我国近年来的绿色金融改革进程提供了不少借鉴经验，我国也在自身的生态补偿政策实践中结合绿色金融产品和服务进行了不少探索，未来还将在此领域进行进一步的创新发展。2016 年，绿色信贷在贷款总规模中只占了 9%，绿色金融仍有极大的发展空间。

专栏 3-6　韩国绿色金融实践

韩国是亚洲最早发行绿色债券的国家，特别是于 2008 年实施绿色增长国家战略以来，在绿色金融创新领域取得了显著成绩。

韩国政府在绿色金融发展起步阶段给予了大量政策性财政金融支持。①以政府机构和规划计划引导绿色金融市场发展。增设了国家绿色增长委员会，实施"绿色金融工程"计划，制定的《绿色增长国家战略及五年计划（2009—2013）》，计划支出 107 万亿韩元，相当于韩国 6%的 GDP。第一阶段投资约 380 亿美元，用以鼓励绿色金融产品创新，建立科学合理的绿色金融服务标准和评价体系以及激励机制，成立韩国绿色金融协会，组织银行、证券、保险等金融行业共同探索绿色金融发展促进战略。②与金融机构合作设立绿色基金。政府和金融机构共同出资 2 600 亿韩元设立了"绿色新增长动力基金"，助力中小企业的低碳环保绿色项目，并将绿色基金的用途及管理运营等方面严格制度化。韩国政府和国民银行也合作成立了可再生能源基金公司，首期发行了 3 300 亿韩元规模的低利率绿色金融产品，专门用于投资节能减排、低碳绿色产业。政策性银行——韩国产业银行主导设立了中小企业扶持基金，以及绿色技术研发及产业化专项扶持基金。2012 年 6 月，韩国政策金融公社与教保生命株式会社共同出资 600 亿韩元，设立绿色金融基础设施基金，致力于投资绿色环保产业以及扶持绿色增长和新能源等新成长动力产业发展。

政府鼓励金融机构提供绿色金融产品，扶持绿色企业增长。①绿色信贷。推出绿色认证项目信贷、合同能源管理（EPC/EMC）、绿色流动资金贷款、节能减排（CHUEE）融资、碳排污权质押融资等业务，创新推出以政府奖励或补贴资金账户为质押物的"节能补贴贷"、以未来收益权为质押物的"收益贷"等产品，带动绿色金融发展。同时，绿色金融项目不受现有信贷规模限制，绿色信贷单列统计，在业绩考核上也单独评价。在信贷审批环节上，实现绿色信贷专业审批、绿色项目优先审批，做到既支持到位，又严格监管。②绿色债券。2013 年，韩国进出口银行（KEXIM）在亚洲率先发行"绿色债券"。新韩金融集团投资碳排放权可转换债券；韩国政策金融公社面向绿色企业发行"KOFC绿色认证私募证券投资基金"。韩国进出口银行、现代汽车、韩国开发银行和韩进集团等企业财团也已成功发行绿色债券，韩国电力公社（KEPCO）筹备发行规模达 5 亿美元的绿色债券，募集资金投向扩大建设可再生能源发电厂。

③绿色担保。韩国政策性金融机构率先面向绿色环保认证企业提供绿色信用担保，以帮助绿色中小企业降低担保成本，解决融资难问题。例如，政府综合技术金融专门机构"技术保证基金会"推出的"GREENHI-TECH 优待保证"项目；韩国进出口银行面向地热、太阳能、燃料电池等绿色新能源产业的债务履行担保项目等。截至 2014 年，担保规模达 3 000 亿韩元。④绿色保险。自 2016 年 8 月起，韩国政府要求环境污染风险达标企业必须强制性全部加入环境污染强制赔偿责任保险（以下简称"环责险"）。截至 2017 年，13 589 家中小企业和单位投保，保费收入约 700 亿韩元。由 DB、农协、AIG 三家财险公司分别按 45%、45%、10%自愿组成联合体共同承保，政府承诺当赔付率超过 140%时，将以再保险的形式对超出的赔款支出提供保障。同时针对绿色中小企业和承保机构实行保费补贴、风险补偿等方面的财政扶持政策。2018 年 6 月，"环责险"运行主体开始收归国营，由政府全部或部分出资建立"绿色保险"专业承保机构，并受政府严格监督。

创新绿色金融产品从面向企业逐步扩展到个人消费领域。①绿色储蓄。鼓励将个人储蓄用于投资低碳环保绿色项目，对获得绿色认证的储蓄产品用户提供较高的存款利率、较低的年费和利息税，绿色积分累积用于消费等。②绿色信用卡。持卡用户在购买绿色认证贴标产品，或在指定的绿色环保场所消费时，所消费金额可享受较为优惠的还款条件（无息、低息或延长分期等），并给予"绿色积分"累积和定期返还奖励等优惠措施，引导用户更多地践行绿色消费行为。③个人绿色信贷。具体表现为各种绿色节能汽车、绿色住宅消费优惠贷款产品。④个人消费型绿色保险。如 2016 年，韩国环境部与韩华财险合作推出"低碳绿色车险"，根据私家车运行里程的年同比减少数额，进行相应的保费补贴。与此同时，韩国还实施了统一标准的绿色认证制度（2010 年开始），开发了"绿色金融支援企业评价系统"，以绿色认证制度和评测机构保障绿色金融良性发展。

3.1.3 消费者付费的市场补偿模式

3.1.3.1 以绿色税费政策内化外部成本

财政手段是生态财政改革的重要措施之一，可更广泛地用于激励生态保护和筹集保护资金，同时实现财富和收入的再分配。自 1992 年联合国环境与发展大会以来，世界各国进一步认识到生态补偿税（费）等财政手段保护环境的重要作用，有关组织还系统研究了环境税的"双重红利"，即环境税的开征不仅能够有效抑制污染，改善生态环境质量，达到保护环境的目标，而且可以利用其税收收入降低现存税制对资本、劳动产生的扭曲作用，从而有利于社会就业、经济持续增长等，即实现"绿色红利"和"蓝色红利"。环境税费的"绿色红利"实际上与生态补偿的目的一致，且也是以经济手段内化相关活动产生的外部成本，因此，可以将环境税费视为生态补偿机制的一种表现形式。

排污费是我国最早实施的一项环境经济手段，通过收费促使企业加强环境治理、减少污染排放，并筹集环保资金；2018 年 1 月 1 日起实施的环境保护税作为我国首个具有明确环境保护目标的独立型环境税税种，是以排污费为基础改革而来的，旨在利用经济手段调节企业污染排放行为。另外，我国的资源税、城市维护建设税、车船使用税和车辆购置税、城镇土地使用税和耕地占用税等也都带有绿色税费的性质。但是，有关资源、环境的税收优惠的领域主要限定在再生资源、环境保护投资等方面，较少以生态系统保护为目的，但国际上很多环境财税政策（包括税收、补贴等）都涵盖了生态系统和环境保护等多方面，可为我国绿色财税政策的进一步完善提供借鉴。一方面是针对环境不友好的经济活动征税或提高税率，比如欧盟国家针对影响生态环境的经济活动、产品和劳务征税的范围宽广，涵盖了社会经济的各个方面（专栏 3-7）；另一方面是针对环境友好的经济活动给予税收优惠，如美国对生态友好行为的税收优惠制度，对生产污染替代品、开发污染控制新技术、综合利用资源的企业减免所得税，联邦政府将州和地方政府控制环境污染债券的利息排除在应税所得额范围之外，专项的环保设施装备可在 5 年内加速完成折旧，污染排放减少的企业可进行财产税退税，针对保护地役权和生态捐赠给予税收优惠等。总体来说，绿色税费政策大多在课税类别及税率设定上有明显差异，且明确其依据是相关经济活动或课税对象对生态环境和生物多样性的影响，其作为一种以市场为基础的经济激励手段，相较于传统的命令—控制手段而言成本更低，因此已经为大多数国家所接受和认可。

专栏 3-7　欧盟完善的生态化税收制度

欧盟各国生态税体系比较完善，征税对象基本可以分为几大类：开采和利用环境的资源类产品；企业生产的对环境非友好的产品；消费者消费具有环境污染性的产品。

欧盟国家现行的主要环境税种主要针对以下对象：①二氧化碳；②氮氧化物（NO_x）、二氧化硫（SO_2）、挥发性有机物（Volatile Organic Compounds, VOCs）等空气污染物；③杀虫剂、肥料等农业污染物；④电池、塑料包装袋、轮胎、一次性饮料瓶、一次性相机、润滑油、石油产品等种类繁多的各种污染产品；⑤水净化；⑥废水；⑦其他污染源：航空（噪声）、氯化溶剂、一次性餐具、灯泡、PVC、邻苯二甲酸盐（Phthalates）、广告电邮（junk mail）、报废车辆、电子产品和电子废弃物、核废物、焚化炉排放的空气污染物等。

增值税是欧盟国家最主要的税种，以法国、荷兰、丹麦为典型代表的欧盟各国启动了包括商品和劳务在内的绿色增值税改革，按照可持续性原则对产品和劳务的分类情况见下表：

欧盟产品和劳务类别的划分（按可持续性标准）

项目	可持续的	不可持续的	适中的
运输	公共交通	能源利用率低的汽车	节能汽车
能源	可再生燃煤	燃油燃气	联合循环发电
电子电器	能源利用效率高的，可循环再利用的物质含量高的	能源利用效率低的，可循环再利用的物质含量低的	能源利用效率中等的，可循环再利用的物质含量适中的
国际旅行	铁路	航空	公共汽车
食品	当地生产的产品，低使用农药的	高运输成本的产品，大量使用农药的产品	
住宅	节约能源的房子，翻新的房子	在空旷地方的新房	

　　欧盟各国根据不同生态税的种类以及本国经济发展、环境保护以及社会发展的需要，设计了各具特色的税基。欧盟生态税的税基主要有 3 种：①以污染物的排放量为税基，促使纳税人引进先进技术，改良治污设备等进行清洁生产，如德国的水污染税。②以污染企业的产量为税基，如对一次性剃刀以及一次性相机征税。③以生产要素或消费品中包含的污染物数量为税基。该种做法需要对产品所含的污染物数量进行准确测定，需要科学的技术手段作支撑，因此操作性比较差。

　　此外，欧盟各国针对促进环境保护和维持生态平衡的产品和劳务设定了低税率和超低税率；超低税率比基本税率至少低 12 个百分点。如法国对促进环境保护和维持生态平衡的产品，增值税税率为 2.2%，与标准税率相比低 19 个百分点，匈牙利对生态类产品设置了 5%的超低税率，比标准税率低 20 个百分点，这种鲜明的税率差异充分消除了清洁类产品和劳务的价格劣势，在引导清洁生产的同时，倡导绿色消费。

2019 年 12 月，欧盟委员会发布《欧洲绿色协议》，对绿色税收政策提出了更高的优化要求。要充分运用绿色预算工具重新将公共投资、消费和税收直接导向绿色优先项目，避免有害补贴，并考虑如何在欧盟财政规则内进行绿色投资。《欧盟绿色协议》将会为广泛的税改创造相应条件，取消化石燃料补贴，更有针对性地以增值税率来反映环保目标，并在考虑到社会因素的情况下将税收负担从劳动者身上转移至污染实体。《欧盟绿色协议》还指出将针对选定的行业提出碳边境调节机制，即对来自高排放国家和地区的进口产品征收一定比例的碳税，以降低碳泄漏的风险。

3.1.3.2　通过环境标志获取溢价实现补偿

绿色产品市场的兴起是由于人们对社会和环保意识责任感的加强。顾客为消费绿色产品或服务付出额外的费用，即产品溢价，从而刺激企业为此坚持一系列严格的标准，实施更多的可持续性的生产活动，从而实现对生态环境负担的减少，同时也使绿色产品或服务的供给方在产量或成本上的损失得到补偿。绿色产品或服务往往以"绿色标识""环境标志""生态标识"予以明确，环境标志、绿色产品的基本目标就是在商品生产与交换中，通过消费者的选择来影响、引导产业方向，从而促进生态环境保护，同时有助于帮助直接参与环境友好型生产的劳动者。

自 1978 年世界上第一个环境标志——德国"蓝色天使"标志问世以来，环境标志制度作为一种环境管理的手段已被多个国家采用，并且不断得到发展。1994 年，国际上成立了Ⅰ型环境标志全球网（GEN），由 26 国环境标志持有机构组成，旨在促进发展环境标志制度，提升环境标志认证的可信度及适用标准的透明度。我国于 1993 年开始开展环境标志工作，截至 2021 年 6 月底，生态环境部发布的环境标志

产品标准共有 109 项，主要包括办公用品、机动车辆、家具、建筑材料等大类。

发达国家的环境标志产品体系日臻成熟，一般是从产品生命全周期考察其环境影响，并通过不断更新的认证标准、公开透明的第三方认证、严格的合规监督管理来确保环境标志产品的公信力。相比我国在环境标志和绿色产品市场的初步探索，国际上的环境标识范围更广泛、分类更细，如欧盟生态标签分为家电、服装、旅游住宿服务等 13 类产品组；且在标准制定、申报审核等程序中有更多的利益相关方参与，也更注重对环境标志产品市场的培育和营销推广。

随着我国进入经济高质量发展阶段，我国公众对健康生活和生态环境的需求不断提升，政府和社会对绿色产品及服务的需求度、认可度以及支付意愿也有所提高，绿色产品市场及环境标志制度有必要也有条件成为供给侧结构性改革的重要组成部分；在现有工作的基础上，我国的环境标志制度可以借鉴国外的相关成熟做法。

专栏 3-8　欧盟的生态标签制度

欧盟生态标签（eco-label）又名"花朵标志"，获得欧盟生态标签的产品，被称为"贴花产品"。欧盟于 1992 年通过 EEC880/92、1980/2000 条例制定了生态标签体系，对除食品、饮料、药品和医疗设备之外的所有产品和旅游住宿服务业进行该体系认证。生态标签制度在欧盟成员国境内统一实施，通过市场机制刺激绿色产品的供求，影响产品的竞争条件，目前甚至已成为欧盟重要的新贸易政策工具之一，发挥着越来越大的影响。

欧盟生态标签制度的运行由完善的法律法规、主管机构、系列标准和配套程序支撑。欧盟生态标签主管机构是欧盟生态标签委员会（EUEB），负责制定和修改生态标签标准并监督计划实施。该委员会成员包括欧盟委员会成员、成员国国内的生态标签主管机构、产业界人士、消费者代表、环境主义者、贸易商会和中小企业等来自不同层次的利益相关方。其执行机构负责评估申请人资质并定期进行信息交流。生态标签的申请会对小微企业和发展中国家的中小企业提供费用优惠。

在产品目录方面，欧盟生态标签产品类别选择须满足在国内市场有较大的销量、对环境有重要的影响以及通过消费者选择对改善环境有利几个条件，同时需要遵循多项指标综合排序，包括环境绩效排名、与绿色公共采购（GPP）的协调度、生态设计要求的连贯性、欧盟生态标签修订周期状态等。欧盟针对每个产品组量身制定一整套较为严格和完整的环境测试标准，生态标签的认证标准不仅体现对环境影响的要求，更充分考虑产品整个生命周期的主要环境影响，只有满足所有条件才会被授予环境生态标识。既包括降低有害物质含量、提高生物可降解能力、降低对生物栖息地和自然资源的影响、减少生产过程中水污染等环境指标，也包括减少产品包装、延长产品寿命、提高产品耐用性和易拆卸性、鼓励使用可循环资源、提高产品能源效率等产品性能指标。欧盟生态标签的产品类别及认证标准会根据产品的环境影响、市场需求等进行补充和修订，以保证标准可以反映资源环境要求、技术和市场变化，从根本上保证该项制度产生良好的资源环境效益。截至 2015 年 9 月，欧盟生态标签包含 13 类产品组，共 44 711 种产品和服务（见下表）。

欧盟生态标签产品类别表

序号	产品	产品细分
1	清洁产品	手洗餐具洗洁精、万能去污剂、餐具洗洁精、工业和机构自动洗碗机洗洁精、工业和机构洗衣液、洗衣液
2	DIY 产品	室内用油漆涂料
3	地板	硬地板、木地板
4	电子设备	音响设备、个人电脑、手提电脑、电视机

序号	产品	产品细分
5	家具	木制家具
6	园艺	生长催化剂、土壤改良剂及其他
7	家用电器	热泵、热水器
8	润滑剂	工业和船用齿轮润滑油、二冲程润滑油等
9	其他家用物品	床垫、马桶和小便池、淋浴头
10	纸制品	加工纸制品、复印及画图用纸、报纸
11	个人护理产品	吸收性卫生产品、清洁化妆品
12	服装和鞋类	鞋类、纺织品（服装）
13	旅游住宿服务	—

数据来源：欧盟委员会官网。

　　此外，欧盟生态标签的申请和评定程序严格，生态标签的主管机构将定期或不定期地抽查厂商的生产车间及产品，来确保符合标志授予标准的要求。

　　欧盟建立了面向所有厂商、零售商、消费者的欧盟生态标签网站，发布和推广生态标签产品，提供产品信息查询和标准查询服务。生态标签厂商可以直接向标签授予机构寻求市场营销宣传的帮助，并制定相应产品的营销战略。欧盟不但对负责生态标签修订的主管机构提供一定的财政支持，还大力推动实施欧盟绿色政府采购计划。一系列配套宣传计划使得欧盟生态标签制度的社会认可度、消费者意识及市场渗透度方面效果良好。2014年欧盟委员会一项研究发现，65%的消费者知道并信任欧盟生态标签，认证的产品数量由2012年的17 176种增加到2015年9月的44 711种，欧盟生态标签产品目前的年销售额达8亿欧元左右。

3.1.3.3　以绿色采购促进绿色产品产业发展

绿色采购一般是指政府采购行为的绿色化。从全球情况来看，世界各国政府采购在国内生产总值（GDP）中所占比例很大，足以影响某些产品的市场份额和消费者取向，因此，政府采购的绿色化是环境友好型产品和服务发展的有力支撑，政府绿色采购经常作为支持环境标志产品的重要配套制度。从发达国家的经验上看，通过立法强制推行政府绿色采购是国际上通行的做法，如日本、韩国等国都针对绿色采购制定了专门的绿色采购法，美国以联邦法令与总统行政命令作为推动政府绿色采购的法律基础；加拿大的环境责任采购法案要求政府使用环境标志产品；欧盟为推动政府绿色采购开发了一系列指导性文件和工具包等，这种强制性规定为实施绿色采购提供了强有力的法律支持和制度保障。

各国推动绿色采购的方式大致可分为两种模式：一种是由国家政府确立政策方向，指导次一级政府进行采购。如法国由中央管理机关制订采购计划并指导基层部门执行；丹麦、日本由国家推出可持续采购国家政策。另一种是指导地方政府与民间的组织与团体推动绿色采购，即以地方团体自发的绿色采购行动为主导，政府仅处于辅导协助的地位。如瑞士负责协调建筑业采购的联邦建筑物组织会议（KBOB）即主要为民间团体参与。

此外，各国采购机制也有所不同：以英国为代表的集中采购是由专设的采购部门执行政府的绿色采购，或由几个政府部门实施联合采购以取得批量采购的价格优势；以德国为代表的独立采购则是通过各级地方政府的独立采购，使其在选择产品时更具有灵活性和竞争性。

成功的绿色采购一般都有完备、科学的绿色产品认证标准和核算体系，并由专门的采购部门、标准制定和监管机构来确保绿色采购的顺利

执行。政府采购的绿色化是发展环境友好型产品和服务的有力支撑，我国以政府绿色采购拓展生态补偿机制的前景广阔，既有条件又有能力在此领域取得长足的发展。2017 年，我国政府采购规模达 32 114.3 亿元，同比增长 24.8%，占全国财政支出和 GDP 的比重分别为 12.2% 和 3.9%，政府采购的绿色化必然能够激励相关绿色产品和产业的需求和发展，对社会消费起到示范作用，继而对生态环境本身以及从事环境友好型生产和生态保护活动的主体进行了补偿。

专栏 3-9 日本的绿色采购

日本被认为在绿色政府采购方面做了很多有影响力的工作，其在环境保护方面的法规较为健全，其中就包括绿色采购领域的法律法规。1994 年日本制订并实施了绿色政府行动计划，拟定了绿色采购的基本原则，鼓励所有中央政府管理机构采购绿色产品。为推动此项行动计划，1996 年日本政府与各产业团体组成了日本绿色采购网络组织（Green Procurement Net，GPN），参与该组织的会员团体承诺将通过购买环境友善物品及服务，减少采购活动对环境的不良影响。GPN 的活动主要包括颁布绿色采购指导原则、拟定采购指导纲要、出版环境信息手册、进行绿色采购推广活动等。这种由政府部门、民间企业、社团组织共同组成的绿色采购团体和联盟，在政府、企业和消费者之间宣传绿色采购观念、提供绿色采购信息以及会员间的信息交流等方面起到很好的作用。根据《建立循环型社会基本法》，日本政府于 2000 年颁布了《绿色采购法》（全称为《国家和其他实体有关促进环保货物和服务的法律》，也称之为《环境商品采购法》），这是日本为建立循环型社会颁布的 6 个核心法案之一。《绿色采购法》规定了绿色采购重点种类，规定所有中央政府所属的机构都必须制订和实施年度绿色采购计划，并向环境大臣提交报告；地方政府要尽可能地制订和实施年度绿色采购计划。自 2001 年起，每年 2 月日本政府都会颁布当年最新的"绿色采购基本方针"，该方针主要由环境省主导制定，制定机构下设审查委员会和专家委员会，同其他省厅一同合作研究。截至 2020 年 2 月颁布的最新基本方针，包括了纸类、办公家具、影像设备、汽车等 22 种分类275 品目的绿色采购标准及注意事项。

日本《绿色采购法》的具体实施主要是通过绿色采购网络来实现的。1996 年，日本全国绿色采购网络联盟（GPN）正式成立，该组织是日本中央政府支持下的一个非营利性组织，是日本目前最大的环保组织之一。日本 GPN 实行会员制，由企业会员、行政会员和民间团体会员 3 部分构成，覆盖了日本的所有地方政府，以及诸多大型企业，如松下、富士、日立、丰田等。截至 2012 年 10 月 16日，GPN 已拥有 2 549 个会员单位，其中包括企业 2 097 家，行政团体 209 个，民间团体 243 个。

日本绿色采购分为中央政府、地方政府及社会团体、企业及国民 3 个层次的采购主体，并根据主体不同提出不同的要求。中央层面，要求国家机构有义务按照绿色采购标准进行采购，同时及时公布采购的结果；地方及社会团体层面，都道府县、市町村及地方独立行政法人在考虑自身预算、业务时间表等实际情况后，需要努力制定绿色采购方针。当有符合条件的产品时，有义务努力按照绿色采购标准进行采购；企业及个人层面，鼓励引导为主，在采购时有一定责任进行绿色采购。

据日本官方数据统计，2001 年日本政府采购中符合绿色标准的项目数为 40个，占总采购数的 44.4%。之后多年，符合绿色标准的项目数及占比稳步提升，特别在 2010 年占比达到最大，为 97.9%。尽管随后几年绿色采购数占总采购数的比例有所回落，但仍保持高位。截至 2018 年，日本政府采购中符合绿色标准的项目数为 185 个，占总采购数的 90.2%。2019 年环境省对地方公共团体的绿色采购问卷调查显示，约 26.8%的地方团体制定了单独的绿色采购方针，25.6%的地方团体在基本计划及准则中规定了绿色采购方针，65.5%的町村没有制定相关绿色采购方针。

3.2 国外市场化、多元化补偿的主要特征

通过以上对国外市场化、多元化生态补偿性质的案例梳理可以看出，在全球范围内，基于市场规律的、主体和形式多元的生态补偿性质经济政策工具极为丰富，但它们也有一些共同的特征：

（1）都有相对完善的法律体系明确其优先地位

几乎所有成熟的市场化、多元化生态补偿实践都由污染防治法等基本法、针对该政策本身设立的专门法规，以及散落在相关领域法规中的呼应性法条等层次完整的法律体系支撑，以明确生态环境保护在经济活动中被优先考虑的约束性地位。

（2）都有一系列完整全面的配套机制确保其有效执行

从明确的产权、相对完整的基础信息数据，到科学性与经济性兼备且及时更新的技术标准和操作流程来看，成熟的市场化、多元化生态补偿实践都不是纸上谈兵，而是以完备的配套机制实现政策的可操作性。

（3）在遵循市场规律的同时坚持政府支持引导

尽管相关政策是基于市场经济规律来调整利益相关方的经济责任关系，内化相关活动产生的外部成本，但市场的建立以及监管仍然需要政府以资金、政策、约束和宣传等方式进行支持和引导，以培育市场主体、规范市场行为。

（4）在政策制定和实施过程中充分考虑各利益相关方

在制定政策之初考虑生态产品提供者和补偿主体的立场和诉求，在配套机制制定的各个环节提供各种渠道使利益相关方能充分参与，从而确保各利益相关方有开展市场行为的强烈意愿。

3.3 国内开展的可行性分析

3.3.1 已有一定的法律政策作支持

从上述国际案例可以看出，无论是哪个领域的市场化生态补偿都需要有相应而且明确的法律和政策作支撑。就目前而言，我国已经颁布了一些法律，如《中华人民共和国矿产资源法》《中华人民共和国水法》《中华人民共和国水污染防治法》等，以及一些规章制度，如《碳排放权交易管理暂行办法》《控制污染物排放许可制实施方案》等，这些法律、法规和政策为资源开发补偿、排污权配置等市场化、多元化生态补偿提供了一定的依据。但是在国家层面有关生态补偿法律法规缺失的情况下，市场化生态补偿的法律政策基础还比较薄弱，不同情景下市场化生态补偿遵循的原则，利益相关方权、责、利的规定以及开展交易的程序都需要法律进一步明确，因此，我国可以借鉴国际有益经验，加快相应法律的制定进程。

3.3.2 产权的界定有待进一步明晰

从国际案例可以看出，无论是排污权交易、碳排放权交易还是水权交易，其关键点在于如何界定初始产权。我国目前在上述 3 个方面均已开展了相关实践，但是对其产权界定尚不明晰。可以借鉴美国"酸雨计划"关于 SO_2 交易、水污染排放交易的经验以及澳大利亚等国碳排放交易和水权交易案例的经验，研究制定我国的排污权、碳排放权以及水权产权界定法案，推动产权界定由政府免费限额分配逐步走向市场化交易。

3.3.3 交易机制仍需明确和规范

在国际市场化、多元化补偿交易案例中，最显著的特征就是其有规范化的市场交易机制和价格形成机制。在市场化生态补偿体系中，核心要素是各类补偿交易机制构建问题。交易机制的建立往往只重视市场交易程序，而容易忽视不同市场交易制度对补偿效果的影响。各类补偿交易市场要能真正良好运行必须建立全国统一的市场交易体系，包括完善的交易规则、在一级市场上的初始定价和在二级市场上的交易价格的规范以及交易信息搜集方便程度。我国虽已开展了补偿的市场交易，但交易流转尚不畅通，补偿市场化交易由于参与主体较多，产权界定复杂，信息不对称现象时有发生，交易成本较高，亟须借鉴国际有益经验进行完善。

3.3.4 交易信息平台仍需构建

国际市场化、多元化生态补偿案例，大多已建立补偿交易信息平台，如美国的 SO_2 排放交易已建立相关排污权交易的信息平台，为交易各方提供供求信息，降低排污权交易信息搜集和交易成本。既包括了解谁拥有或需要排污权、排污水平、排污权的供给与需求关系等基础性信息，又节约了为达成排污权交易与各厂商讨价还价的信息磋商成本。

3.3.5 生态环境监管机制有待提升

国际市场化生态补偿交易多是以生态环境监管为基础支撑条件，如碳排放权交易，就有一套科学的监测标准和核算方案，正是基于碳排放的定期动态监测，才能确定碳排放权的有效性。另外，国际上，对于为获取碳排放权的企业超标排放设置处罚办法，进一步防止企业的偷排、超排等机会主义行为，对于没有取得相关排放权的企业，坚决禁止排污。我国生态补偿领域生态环境监管机制并不完善，很多制度需要借鉴国外相关经验进行健全，以便最终实现以市场化、多元化生态补偿推动生态环境综合治理体系的完善。

3.3.6 各类案例的可借鉴程度

根据国际案例实施背景、实施过程、交易机制、实施效果等具体情况，对比我国现行法律法规和政策基础以及我国基本国情，分析各类国际市场化、多元化生态补偿案例的可借鉴程度，标准划分为五级，即 1 颗★表示可借鉴程度较低；2 颗★表示具有一定的借鉴作用；3 颗★表示可借鉴程度较高；4 颗★表示基本适用于我国；5 颗★表示可直接施行（表 3-2）。

表 3-2　各类国际市场化、多元化补偿案例的可借鉴程度

案例名称	可借鉴程度
玻利维亚自然保护区生态补偿	★★★
厄瓜多尔自然保护区生态补偿	★★★
巴西生物多样性技术产业	★★★
美国湿地缓解银行	★★★
法国威泰尔矿泉水公司水源地保护项目	★★★
美国矿产资源开发生态补偿	★★★
美国 SO_2 排放交易	★★★★
美国水污染排放交易	★★★★
新西兰碳排放交易	★★★

案例名称	可借鉴程度
澳大利亚墨累-达令河流域水权交易	★★★★
韩国绿色金融	★★★★
欧盟生态化税收制度	★★★★
美国对生态友好行为的税收优惠制度	★★★★
欧盟的生态标签制度	★★★★
日本的绿色采购	★★★★

4

我国市场化、多元化补偿的进展研究

我国市场化、多元化生态补偿主要以自然资源有偿使用、资源产权交易、生态产品开发经营、绿色金融等为主要形式，引导生态受益者和社会投资者对生态保护者进行补偿。

4.1 自然资源有偿使用制度改革正有序推进

自然资源有偿使用实际上是将土地、水、矿产、森林、草原等与人类社会经济发展有关的自然要素转化为能够被人类利用的价值，因开发、利用自然资源引起自然资源的消耗和生态破坏而提供补偿，主要依据资源的开发、利用者的开发和利用活动，对自然资源或者生态环境的损耗及不利影响确定补偿数额，需要在一定的产权要求和市场条件下进行。

4.1.1 国家层面

（1）自然资源有偿使用制度改革正有序推进

《生态文明体制改革总体方案》明确提出，要全面建立覆盖各类全

民所有自然资源资产的有偿出让制度，加强自然资源资产交易平台建设；完善矿产资源有偿使用制度，推行用能权、碳排放权、排污权、水权交易制度。国务院印发的《关于全民所有自然资源资产有偿使用制度改革的指导意见》，针对土地、水、矿产、森林、草原、海域海岛六类国有自然资源提出了建立完善有偿使用制度的重点任务。2017 年，中共中央办公厅、国务院办公厅印发的《关于创新政府配置资源方式的指导意见》对公共自然资源配置方式做出安排，要求以建立产权制度为基础，实现资源有偿获得和使用。当前，我国已经建立起比较系统的国有建设用地和矿产资源有偿使用制度，对使用者收取土地出让金或租金，在矿业权出让环节，将探矿权、采矿权价款调整为矿业权出让收益。草原、森林资源有偿使用改革也正在探索。

（2）开展自然资源确权登记是实现自然资源有偿使用的基础，能够实现自然资源资产化

2016 年 11 月，中央全面深化改革领导小组第二十九次会议审议通过《自然资源统一确权登记办法（试行）》，国家试点地区见表 4-1。此外，浙江省长兴县也进行了自然资源统一确权登记试点并通过专家验收。2020 年，自然资源部进一步发布了《自然资源确权登记操作指南（试行）》，该指南适用于对水流、森林、山岭、草原、荒地、滩涂、海域、无居民海岛以及探明储量的矿产资源等自然资源的所有权和所有自然生态空间的确权登记，推进自然资源确权登记法治化、规范化、标准化、信息化，进一步明确自然资源确权登记的技术标准和操作要求，更好地指导全国各级登记机构做好自然资源确权登记工作。

表 4-1 自然资源确权登记情况

试点地区	试点内容
青海省三江源等国家公园	探索以国家公园作为独立的登记单元，开展全要素的自然资源确权登记，着力解决自然资源跨行政区域登记的问题
甘肃省、宁夏回族自治区	探索以湿地作为独立的登记单元，开展湿地统一确权登记
宁夏回族自治区、甘肃省疏勒河流域以及陕西省渭河、江苏省徐州市、湖北省宜都市	探索以水流作为独立的登记单元，开展水流确权登记
福建省厦门市、黑龙江省齐齐哈尔市	探索在不动产登记制度下的自然资源统一确权登记关联路径和方法
福建省、贵州省、江西省等国家生态文明试验区	推进自然资源统一确权登记，探索国家所有权和代表行使国家所有权登记的途径和方式，福建省、贵州省开展探明储量的矿产资源确权登记的路径和方法研究
湖南省芷江、浏阳、澧县等县（市）	探索个别重要的单项自然资源统一确权登记
黑龙江省大兴安岭地区和吉林省延边市	探索国务院确定的国有重点林区自然资源统一确权登记

4.1.2 地方实践

各地积极落实国家部署要求，重庆、贵州、云南、浙江、山西等地相继提出要在本地区建立健全全民所有自然资源的有偿使用制度。目前大部分地区已经针对土地建立了有偿使用和交易制度。我国自然资源统一确权登记试点工作取得积极进展，重点探索了国家公园、湿地、水流、探明储量矿产资源等确权登记试点。各试点地区以不动产登记为基础，以划清全民所有和集体所有之间的边界，划清全民所有、不同层级政府行使所有权的边界，划清不同集体所有者的边界，划清不同类型自然资源的边界等"四个边界"为核心任务，以支撑山水林田湖草整体保护、系统修复、综合治理为目标，按要求完成了资源权属调查、登记单元划定、确权登记、数据库建设等主体工作。

专栏4-1 自然资源统一确权登记试点案例

1. 江苏省徐州市

自2017年起开展全要素自然资源统一确权登记工作，选取贾汪区和沛县作为登记试点。其中，贾汪区重点探索以水流作为独立登记单元，开展水流确权登记，形成水流确权登记操作指引；沛县因境内煤炭资源储量较大，重点探索矿产资源登记，为实现矿地融合筑牢基础。

此次自然资源统一确权试点工作中，贾汪区划定登记单元32个，其中水流单元8个、湿地公园1个、森林单元23个；沛县预划定登记单元30个，其中水流单元12个、矿产单元9个、湿地公园1个、森林单元7个、荒地单元1个。最终徐州市完成各预定登记单元的审核登记，其中贾汪区完成4 805 hm^{2}国有自然资源登记，沛县完成4 350 hm^{2}国有自然资源登记及7.7亿 t 矿产资源登记。此外，还形成《市水流操作指引》《市自然资源确权登记权属纠纷调处办法（试行）》《市自然资源登记数据库标准（试行）》等一系列法规成果。

2018年7月，徐州市自然资源统一确权登记试点成果通过自然资源部组织的专家验收。

2. 湖北省宜都市

2016年11月，宜都市作为唯一的县级市被水利部、国土资源部联合发文确定为全国水流产权确权六个试点之一。2017年3月，湖北省水利厅、国土资源厅共同组织制定了《湖北省宜都市水流自然资源统一确权登记试点工作实施方案》。截至2017年11月底，已初步完成水流单元的划定、技术方案的制定和确权登记信息平台的设计等工作任务。全市确定5个村和2条河流先行试点全国自然资源统一确权登记，该市水利部门结合农村集体水权确权成果，首次将农村集体坑塘纳入水流自然资源进行确权登记。共划定农村坑塘水流单元454个、水库单元7个、河流单元2个。

3．贵州省

贵州省自然资源厅组织省土地勘测规划院，省不动产登记中心，省测绘一、二、三院制定了《贵州省自然资源统一调查确权登记技术办法（试行）》《贵州省自然资源统一确权登记试点工作要点》《贵州省自然资源统一确权登记试点成果要求》，在12个试点省（区）中率先出台省级标准。

在资源分类方面，贵州省依据宪法、法律规定，结合各行业标准，将水流、森林、草地、荒地和滩涂细分为14个二级类别，分别明确面积、数量、质量标准。考虑到山岭是地形表述，与其他类别自然资源在空间有重叠，贵州省在此次试点中将其作为要素调查，不单独统计面积，避免重复计算，出现分类资源面积之和大于资源总面积的逻辑错误。

在登记单元划分方面，贵州省以2016年度土地利用现状图为基础，利用高清影像，扣除耕地、园地、建设用地、农村土地承包经营权、林权登记到户范围，结合国有森林、农场、水库资料，预判国有自然资源范围。

其中，登记单元分为两类：水流、省级以上自然遗产地、自然保护区、风景名胜区等特殊保护区域划为独立单元，以管理界线为单元边界；其余区域划为其他登记单元，面积一般为1 000亩以上，以不动产登记的权属界线为边界。

与其他几类自然资源由试点县"自下而上"开展确权登记路径不同，贵州省在开展探明储量矿产资源统一确权登记时，选择了"自上而下"由省自然资源厅统一组织开展。操作时，以储量数据库为基础，提取最新行政区划为底图，按矿产地资源估算范围确定登记区块。

10个试点地区查清自然资源面积约1 328万亩；探明储量矿产资源划定、登簿533个登记单元，完成登记系统的研发、数据导入平台、登记信息审核工作。试点地区摸清了自然资源家底，划清了"四个边界"。

与此同时，贵州省在省级不动产登记平台上开发了自然资源统一确权登记功能，自然资源所有权与不动产权利关联，实现"一张图"登记不动产和自然资源。

4. 江西省

江西省选取了 5 个县（市、区）先行先试，分别是南昌市新建区、九江市庐山市、鹰潭市贵溪市、宜春市高安市和抚州市南城县。2017 年 4 月 17 日，《江西省自然资源统一确权登记试点实施方案》获国土资源部和省政府联合批复。主要对水流、森林、山岭、草原、荒地、滩涂以及探明储量的矿产资源等自然资源的所有权统一进行确权登记。2018 年 7 月，江西省自然资源统一确权登记试点工作顺利通过自然资源部评估验收。

其中，南城县根据自然资源种类、重要程度、生态功能等的不同，通过现状、确权、公共管制调查，划定、登簿 28 个自然资源登记单元，其中湿地登记单元 2 个，森林登记单元 4 个，水流登记单元 19 个，自然保护区登记单元 1 个，其他登记单元 2 个，登记单元面积共计 1 690.29 km²。在试点过程中，南城县还摸清了该县自然资源家底，划分了自然资源登记单元和全县国有、集体自然资源所有权界线，调查了全县自然资源基本信息状况和公共管制内容，建立了全县自然资源确权登记权籍数据库。

5. 湖南省

湖南省确定了 4 个试点区域，浏阳市、澧县、芷江市，分别位于湘东丘陵区、湘北平原区、湘西山地区，是湖南省丘陵、平原、山地三大自然资源区的典型代表，重点探索个别重要的单项自然资源统一确权登记。城步苗族自治县南山公园为国家公园试点区，按要求开展管理体制改革试点，南山国家公园纳入自然资源统一确权登记试点范围。此前湖南省已经完成了集体土地所有权确权登记，集体土地及集体土地上的自然资源所有权已经纳入不动产登记范畴。因此，本次确权登记试点范围主要为以下 3 类：集体土地以及集体土地承载的自然资源之外国家所有的水流、森林、山岭、草原、荒地、滩涂等自然资源，国家公园、自然保护区、湿地公园等特定空间的自然资源以及探明储量的矿产资源。

通过试点，查清了试点区域内自然资源家底，形成了自然资源状况"一张图"；完成了试点区域自然资源调查确权，形成了自然资源登记"一个库"；初步构建了信息共享机制，形成自然资源管理"一张网"；探索形成了自然资源确权登记"一套制度"，完成了自然资源统一确权登记试点的主要任务。2018年7月，湖南省浏阳市、澧县、芷江市、南山国家公园自然资源统一确权登记试点工作顺利通过自然资源部评估验收。

6．浙江省湖州市长兴县

湖州市是全国首个地市级生态文明先行示范区。作为生态文明建设的一项重要内容，湖州市近年来积极推进自然资源资产产权制度改革，并在长兴县开展自然资源统一确权登记试点工作。自试点工作启动以来，长兴县开展并完成了自然保护地类、水流类、森林类、矿产类等全要素自然资源调查和统一确权登记，开发建设了自然资源调查数据库和确权登记信息管理平台，为实现自然资源的数量、质量、空间一体化管理奠定了基础。

试点工作中，长兴县在自然资源确权登记的工作程序、技术方法等方面进行了有益的创新探索，制定了自然资源首次登记流程、登记单元划分及编码规则、确权登记分类和数量、质量指标体系、登记簿样式以及确权登记数据库标准等工作规则，为推进自然资源统一确权登记提供了可复制、可推广的样本。

2018年7月，浙江省湖州市长兴县自然资源统一确权登记试点工作顺利通过专家组验收。

4.1.3　存在的问题

（1）资源开发补偿整体规则供给不足

资源开发补偿涉及资源开发利用的经济效益和外溢性生态环境效益的调整，自然资源产权制度是影响资源开发补偿成效的直接驱动因素。虽然我国自然资源产权改革已经取得阶段性成果，基本形成确权登记制度框架，但是各地关于具体的自然资源产权制度改革政策还较少，

导致自然资源产权制度改革系统性不足，以传统的单一自然资源环境要素为主，没有考虑自然资源的联系性、整体性，没有对自然资源权属配置、监管措施、分级行使规则等全过程进行规范。

（2）不同类别的资源开发补偿定价机制还不健全

自然资源资产定价模式受自然资源资产属性影响分为市场定价和非市场定价，土地、矿产等资源资产是独占性很强的资产类别，确权相对容易，市场定价机制可以有效发挥市场对资源配置的作用。河流、海洋等水资源资产确权成本较高，需要政府适当干预定价模式以建立体现供求关系和外部性的资产价格。目前我国自然资源管理仍以行政手段为主，政府和市场在自然资产管理上的定位边界模糊，导致资源资产未能按照其公共属性得到有效的配置。

4.2 资源产权交易正不断成熟化

资源产权本质上是发展权的问题，开展资源产权交易实际上是生态受益地区对生态保护地区放弃发展权而给予的合理补偿，主要形式有排污权、水权、碳排放权交易。目前资源产权交易还处于市场发挥配置作用的起步阶段，政府在交易市场发展中起到了决定性的作用。

4.2.1 排污权交易逐渐完善

排污权交易具有补偿性功能，补偿性排污权交易能够成为市场补偿机制的重要形式。开展排污权交易时生态保护地区放弃的排污剩余指标，就是放弃的发展权，生态受益地区应当给予合理补偿。

4.2.1.1 国家层面

我国从 20 世纪 80 年代引入排污权交易理论，迄今为止已有 30 多年的发展历史，其发展历程主要经历了起步阶段、试点阶段、试点深化阶段等 3 个阶段。

起步阶段。1988 年，国家环保局颁布实施《水污染物排放许可证管理暂行办法》，规定水污染总量控制指标可在排污单位间调剂。1993 年，国家环保局以太原、包头等多个城市作为试点开始探索大气排污权交易政策的实施。1996 年、2000 年国务院先后颁布了《"九五"期间全国主要污染物排放总量控制计划》和《中华人民共和国大气污染防治法》，污染治理政策由浓度管理转变为总量管理，为实施排污交易提供了法律政策支持。

试点阶段。21 世纪初，开展了排污权交易试点工作，2001 年 9 月，江苏省南通市顺利完成中国首例排污权交易。2003 年，江苏太仓港环保发电有限公司与南京下关发电厂达成 SO_2 排污权异地交易，开创了中国跨区域交易的先例。2007 年 11 月 10 日，国内第一个排污权交易中心在浙江省嘉兴市挂牌成立，标志着我国排污权交易逐步走向制度化、规范化和国际化。这一阶段的排污权交易以政府部门"拉郎配"方式运作为主，排污权交易在推进污染减排方面的潜力逐步显现。

试点深化阶段。2009 年，中央政府工作报告提出积极开展排污权交易试点的要求。2013 年 9 月，党的十八届三中全会通过的《关于全面深化改革若干重大问题的决定》提出："实行资源有偿使用制度和生态补偿制度。推行排污权交易制度。"2014 年 8 月，国务院办公厅印发了《关于进一步推进排污权有偿使用和交易试点工作的指导意见》（国办发〔2014〕38 号）。2015 年 9 月，中央政治局会议审议通过的《生态文明体制改革总体方案》提出："推行排污权交易制度。在企业排污总量控制制度基础上，尽快完善初始排污权核定，扩大涵盖的污染物覆盖面。扩大排污权有偿使用和交易试点。制定排污权核定、使用费收取使用和交易价格等规定。"2015 年 10 月，党的十八届五中全会通过的《关于制

定国民经济和社会发展第十三个五年规划的建议》指出："建立健全用能权、用水权、排污权、碳排放权初始分配制度，创新有偿使用、预算管理、投融资机制，培育和发展交易市场。"2018 年年初，环境保护部办公厅下发的《关于印发〈2018 年生态环境保护总体思路和总体工作安排的初步考虑〉的通知》（环办厅〔2018〕1 号）提出："深化排污权交易试点，全面停止政府出让方式有偿使用试点，发展排污权交易二级市场。"2021 年 1 月，国务院总理李克强签署第 736 号国务院令，公布《排污许可管理条例》，从申请与审批、排污管理、主体责任等方面做出了规定，排污许可管理进入立法阶段，为排污权交易打下坚实基础。

4.2.1.2　地方实践

自 2014 年国务院办公厅印发《关于进一步推进排污权有偿使用和交易试点工作的指导意见》以来，在财政部、生态环境部、国家发展改革委的积极推动、指导下，各地试点工作取得积极进展。目前全国共有 28 个省份开展了排污交易权试点工作，其中由三部委正式批复的省份有 12 个，另有 16 个省份自行开展试点。大多数试点地区选取火电、钢铁、水泥、造纸、印染等重点行业作为交易行业，浙江、重庆等部分地区扩展到全行业范围；在污染因子的范围上，近一半的试点地区选取纳入"十二五"国家约束性总量指标的 4 项主要污染物（即二氧化硫、氮氧化物、化学需氧量和氨氮）作为交易的污染因子，另有部分地区结合当地实际的污染特征进行了扩展，如山西省和甘肃省兰州市增加了烟粉尘，湖南省将重金属纳入交易试点范围，广东省佛山市顺德区因其臭氧污染突出而将挥发性有机污染物（VOCs）纳入交易试点范围。

各地无论在规章制定、平台建设，还是在政策研究、技术攻关等多方面都开展了大量试点实践，生态环境、财政、发展改革等部门紧密配合，基本上形成了运行有序的排污权交易市场。在地方性法规或规章层面，全国有 18 个省（区、市）对试点工作做出了明确规定，其中专门针对排污权有偿使用和交易政策制定发布的管理办法、指导意见等文件 30 多份。在规范性文件层面，各试点省份共发布了 300 多份排污权有偿使用和交易实施方案、实施细则以及相关技术文件。试点省份基本都成立了排污权交易管理机构。浙江、内蒙古、河北、山西、重庆、湖南 6 省（区、市）编委批准设立了交易管理中心；江苏、陕西两省生态环境厅成立了专门的交易管理机构；湖北依托排污权交易所开展交易管理；河南和陕西在生态环境厅下成立了排污权交易领导小组。大多数省份已经开发了集数据审核、指标申购、交易管理、交易买卖、信息发布于一体的交易管理平台及电子竞价平台。内蒙古还建设完成了集交易综合管理、储备综合管理、电子竞拍、价格测算、现场核查作业、水容量核算等多个配套排污权交易平台于一体的综合性管理系统。试点省份在政策创新层面开展了有效尝试，江苏、浙江、山西、河北、陕西等省份开展了刷卡排污管理，浙江、湖南、重庆、河北、山西、内蒙古、陕西等省份开展了排污权抵押贷款，河南、陕西开展了总量预算管理及总量控制指标前置，湖北建立健全网格化环境监督体系，湖南使用环保专项资金实施排污权储备、实行"以购代补"的污染治理资金下达模式等多项政策创新，重庆建立了排污交易稽核制度等。

据不完全统计，目前国内已建立数个一级环境交易所，包括北京环境交易所、上海环境能源交易所和天津排放权交易所等，另有 10 余所已挂牌成立的环境权益类交易所和 20 余家专业性环境交易所。从各省试点进展情况来看，浙江、江苏全面推开基于政府主导的排污权有偿使用一级市场和基于企业的排污交易二级市场；湖北、湖南、内蒙古、山西、重庆、河北、河南、陕西等地试点工作推进迅速，基本构建完成排污权有偿使用和交易政策法规体系框架，并重点对新建项目实行有偿使用。截至 2020 年年底，全国共有 10 113 个污水处理厂核发了排污许可证。完成 15 个行业及"2+26"城市钢铁、水泥等高架源许可证核发工作。截至 2018 年 8 月，一级市场征收排污权有偿使用费累计 117.7 亿元，二级市场累计交易金额 72.3 亿元。浙江、重庆、内蒙古、河南等省（区、市）已完成了全部新增污染源的排污权有偿使用，浙江等少数地区已逐步将排污权有偿使用的范围扩展至现有污染源。

专栏 4-2　地方政府积极推进建立排污权交易机制

1. 江苏省

2017 年 8 月，江苏省政府印发《江苏省排污权有偿使用和交易管理暂行办法》，明确化学需氧量、氨氮、总磷、总氮、二氧化硫、氮氧化物、挥发性有机物等主要污染排放物实行有偿使用和交易，并根据环境质量改善要求和排污单位承受能力，对现有排污单位逐步实行排污权有偿使用，新建、改建、扩建项目新增排污权。

2. 浙江省

2009 年 2 月，财政部和环保部批复同意浙江省开展排污权有偿使用和交易试点，浙江省成为全国第一批 7 个试点省份之一。2009 年 3 月，浙江省正式启动排污权有偿使用和交易试点工作，挂牌成立了浙江省排污权交易中心。浙江省已初步构建完成排污权有偿使用和交易的政策法规体系，省级层面已正式出台的排污权有偿使用和交易政策和技术文件达 19 个，各试点市、县已出台的政策、技术文件达 103 个。省级层面的政策文件主要包括明确试点方向的《关于开展排污权有偿使用和交易试点工作的指导意见》，指导实际操作的《浙江省排污许可证管理暂行办法》《浙江省排污权有偿使用和交易试点工作暂行办法》及实施细则等，又公布了《浙江省排污权回购管理暂行办法（征求意见稿）》。

浙江全省共有 11 个设区市的 60 个县（市、区）开展试点工作。嘉兴市试点工作继续走在全省前列，除全面推开初始排污权有偿使用外，还积极推进企业间的自由交易，并大胆创新排污权租赁机制；绍兴市积极推动排污权抵押贷款，帮助企业解决融资困难的问题；湖州市积极探索初始排污权分配机制；杭州市侧重于排污权交易制度建设；温州市将试点与污染整治、企业环境信用评级、区域限批等工作挂钩，推进现有排污单位的初始排污权有偿使用工作。目前，全省正从规范市场交易模式、扩展交易标的、强化刷卡监管、鼓励排污权质押和租赁等方面，把试点工作推向深入。

省级及各试点市基本都设立了交易机构，落实了工作人员。2012 年，浙江省建立了省级排污权交易平台，建设了浙江省排污权交易网，开创了排污权交易电子竞价机制，截至 2014 年 1 月底，共举办了 4 期政府储备二氧化硫排污权指标电子竞价，共出让 1 415.7 t 二氧化硫排污权指标，成交金额达 1 985.99 万元，跨区域配置二氧化硫排污权工作取得了实质性的进展。

3．湖南省

2014 年 1 月，湖南省人民政府印发《湖南省主要污染物排污权有偿使用和交易管理办法》（湘政发〔2014〕4 号）；2015 年 11 月，湖南省环境保护厅印发《湖南省主要污染物排污权有偿使用和交易实施细则》，明确针对化学需氧量、氨氮、二氧化硫、氮氧化物、铅、镉、砷等 7 种污染物实施有偿使用和交易，规定了交易主体、交易方式等。2017 年 10 月 24 日，首份《湖南省主要污染物排污权进场交易证明书》（湘资排 2017-001 号）由省公共资源交易中心发出，拉开了湖南省排污权项目全面纳入公共资源交易平台的序幕，郴州市环境保护局出让给湖南金石锌业有限责任公司的 3 宗重金属污染物排放权政府储备指标〔铅（尘）60kg、镉（尘）2.0kg、砷（尘）4.2kg〕，在湖南省公共资源交易中心顺利完成交易。

4．湖北省

根据《湖北省主要污染物排污权交易办法》（鄂政发〔2012〕64 号），2015 年 7 月，湖北省环境保护厅印发《湖北省主要污染物排污权交易办法实施细则》（鄂环办〔2014〕277 号），2017 年又印发了《湖北省主要污染物排污权有偿使用和交易工作实施方案（2017—2020 年）》（鄂环发〔2017〕19 号），决定在咸宁市先行开展排污权有偿使用试点工作，涉及造纸、火电、钢铁、水泥、平板玻璃、石化、有色金属、焦化、氮肥、印染、原料药制造、制革、电镀、农药、农副食品加工等 15 个重点行业。

目前湖北省依托湖北环境资源交易中心进行了大量污染物排污权交易，主要涉及 COD、氨氮、二氧化硫、氮氧化物的排污权交易，2018 年共成交 60 次。

5. 重庆市

根据《重庆市人民政府办公厅关于印发重庆市进一步推进排污权（污水、废气、垃圾）有偿使用和交易工作实施方案的通知》（渝府办发〔2014〕178 号），重庆市环境保护局于 2017 年 12 月印发了《重庆市工业企业排污权有偿使用和交易工作实施细则》（渝环〔2017〕249 号），明确排污权交易主要涉及化学需氧量、氨氮、二氧化硫、氮氧化物，由重庆市主要污染物排放权交易管理中心进行管理，依托重庆资源与环境交易中心进行排污权登记及交易。

6. 山西省

2017 年 1 月，山西省印发《关于主要污染物排污权交易价格及有关事项的通知》，明确主要污染物排污权交易基准价采取"一次性补偿"办法分类核定，交易基准价仍维持现行价格水平不变，二氧化硫 18 000 元/t，氮氧化物 19 000 元/t，化学需氧量 29 000 元/t，氨氮 30 000 元/t，工业粉尘 5 900 元/t，烟尘 6 000 元/t。排污权交易价格不得低于排污权交易基准价，主要污染物排污权交易手续费标准另行制定。

7. 新疆维吾尔自治区

2017 年 4 月，新疆维吾尔自治区发展改革委、财政厅联合印发了《关于排污权使用费征收标准和排污权交易基准价等有关事宜的通知》，正式确定自治区主要污染物排污权有偿使用费征收标准和交易基准价。

8．海南省

2017 年 11 月，海南省人民政府印发《海南省主要污染物排污权有偿使用和交易管理办法》，将通过价格导向促进环境资源的有效配置，规定排污单位有被列入生态保护红线区等环评限批范围内等 5 类情形的不得参与排污权交易。

9．宜昌市

2017 年 4 月，宜昌市环境保护局印发《宜昌市 2017 年排污权有偿使用和交易工作方案》和《宜昌市排污许可制改革实施方案（2017—2020 年）》，进一步加快全市排污权有偿使用和交易试点工作，以及排污许可制改革工作。

10．秦皇岛市

2017 年 8 月，秦皇岛市环境保护局印发《秦皇岛市排污权交易办理指南》，明确主要污染物排放权交易基准价格为化学需氧量 4 000 元/t、二氧化硫 5 000 元/t、氮氧化物 6 000 元/t、氨氮 8 000 元/t。交易基准价为交易底价，市场成交价不得低于交易基准价。主要污染物排污权有偿使用出让标准为化学需氧量 300 元/（t·a）、二氧化硫 450 元/（t·a）、氮氧化物 350 元/（t·a）、氨氮 800 元/（t·a）。

排污权交易试点开展以来，一些省市结合当地实际情况形成了排污权抵押融资、现场竞拍到网络电子竞价等典型模式。

（1）排污权抵押融资模式

排污权抵押贷款模式将担保物权制度与排污权交易机制相结合，实现排污指标与资金的双向流通，能够实现金融创新与循环经济的双赢。潍坊市出台的《潍坊市排污权抵押贷款管理办法（试行）》，规定排污权抵押贷款必须主要用于生产经营或环保项目，贷款额不能超过抵押标的评估价值的 80%，若贷款人未能及时按期履行债务，贷款人可通过转让排污权指标，或由环保部门进行排污权回购以此维护借款人的合法利益，2010 年山东省中信银行潍坊分行根据试行办法的规定给予以排污权作抵押的山东海龙股份有限公司 8 000 万元的贷款授信额度并发放

1 000 万元贷款。

（2）现场竞拍到网络电子竞价模式

排污权交易市场中，排污权的初始分配会影响排污权交易制度的效率，通过排污权的交易机制避免、减少排污主体利用其经济生活中所形成的市场力来操纵市场的行为。网络电子竞价不仅能够实现交易的公平、公开、公正，而且还能够简化公开拍卖的程序，提高效率以及降低政府的运行成本和风险。重庆市采用重庆市排污权交易管理中心与重庆联合产权交易所共同合作的机制，率先建立了网络平台，进行电子系统竞价排污权，即排污权交易管理中心负责审查核实交易主体资格、排污指标的合法性和真实性，重庆联合产权交易所则作为具体交易活动的组织平台，负责竞价模式与相关机制的运行。2010 年重庆联交所采用互联网竞价方式将第一单 COD 排放指标以 16 600 元/t 的价格成功拍卖。网络电子竞价模式的运作流程为：排污权交易的出让方在重庆联合产权交易所内挂牌转让，交易所将相关信息（基准价、挂牌价）发布在网络系统，需求方通过网络电子平台按照"出价不得低于基准价"的原则进行电子竞价，最后确定成交价格。

4.2.1.3　存在的问题

（1）排污权交易相关规范文件还不完善

市场机制作用的发挥不能缺乏政府的强有力监管，它需要政府在市场补偿的过程中发挥纠正市场偏差的作用，以防止市场失灵的发生。虽然我国许多省市已颁布和实施了地方性的排污权交易立法，但是没有体现补偿性目的，也没有专门的补偿性规则设置，一直没有形成统一的理论框架和技术体系，各个试点地区在总量指标如何分配、企业初始排污权如何确定等的研究和设计中存在较大差异，国家对相关工作也没有形成统一的技术规范。

（2）补偿性排污权交易目的还不明确

补偿性排污权交易的目的不同于普通的排污权交易，应强调交易的"补偿性"，而"补偿性"要求体现在两个方面：一是对于避免对环境有影响的行为所发生的减排必须具有"额外性"，即在一切照旧的情况下是不会发生的，主要表现为保护生态环境而丧失正常的发展机会；二是对于改善环境状况以增加环境容量资源而能吸纳更多污染物的行为具有"替代性"，即不是减排而是增加了排污指标的供给，主要表现为采取生态保护的措施提高了环境的容量或承载能力。

4.2.2 碳排放权交易试点经验丰富

碳排放权交易是一种可配额市场交易，碳排放权增加而增加的发展机会和减少的生态产品及服务应当支付补偿资金，对减少碳排放权牺牲的发展机会和增加的生态产品及服务给予补偿。碳排放权交易作为一种市场机制，能够有效地减少整体减排成本并实现控制温室气体排放的目标，切实促进技术进步和产业结构升级。

4.2.2.1 国家层面

我国高度重视碳排放权交易制度体系建设。2011 年，国务院印发了《"十二五"控制温室气体排放工作方案》，提出"探索建立碳排放权交易市场"的要求。2011 年 10 月，国家发展改革委印发《关于开展碳排放权交易试点工作的通知》，提出逐步开展碳排放权交易市场试点工作，批准北京、上海、天津、重庆、湖北、广东和深圳等 7 省市开展碳交易试点工作；其中，深圳市碳市场于 2013 年 6 月 18 日在全国率先启动线上交易，其余试点相继启动，最晚的重庆市也于 2014 年上半年启动交易。截至 2018 年 10 月，试点地区的碳排放配额成交量达 2.64 亿 t 二氧化碳当量，交易额约 60 亿元人民币。2014 年 4 月，国家林业局印发了《国家林业局关于推进林业碳汇交易工作的指导意见》（林造发〔2014〕5 号），截至 2017 年 3 月，履行项目备案、减排量签发程序的林业碳汇项目 98 个，涉及全国 23 个省（区、市）。2017 年 12 月，国家发展改革委印发了《全国碳排放权交易市场建设方案（发电行业）》，标志着中国碳排放权交易市场正式从电力行业开始启动。2020 年 12 月，生态环境部发布《碳排放权登记管理规则（试行）》，并提出要在 2021 年 6 月启动全国碳排放权交易市场。2021 年 5 月，为进一步规范全国碳排放权登记、交易、结算活动，生态环境部发布《碳排放权登记管理规则（试行）》《碳排放权交易管理规则（试行）》《碳排放权结算管理规则（试行）》系列规则，我国碳排放权交易走向全面开启阶段。

我国碳市场建设基本情况见表 4-2。

表 4-2　我国碳市场建设基本情况

阶段	时期	目标
前期准备阶段（建设阶段）	2015—2016 年	正式启动碳交易
试运行与逐步完善阶段	2017—2019 年	全面开展碳排放权交易，建立碳市场
全面实施阶段	2020 年之后	启动全国碳市场，将扩大碳市场的覆盖范围，完善碳排放权交易体系，并且进一步探讨如何与国际碳排放权交易市场形成对接

4.2.2.2　地方实践

试点工作开展以来，碳排放权交易市场参与者、交易量不断增加，履约率不断提升，各试点地区在法律保障、行业覆盖范围、配额分配方法等方面根据各地实际情况，设计不同的制度，表现出不同的市场交易活跃度、价格波动性等。

法律保障方面，试点市场建设中，有的是以地方人大立法，有的是以政府规章为碳交易制度保障，另配套细则，如北京试点曾印发《北京市碳排放配额场外交易实施细则》；全国碳市场或暂以《碳排放权交易管理条例》为依据。行业覆盖范围方面，试点市场已覆盖 20 多个行业近 3 000 家单位；全国市场计划将石化、化工、建材、钢铁、有色金属、造纸、电力、航空八大行业重点排放单位纳入，发电行业已首批纳入约 1 700 家发电企业，八大行业预计有 7 000～8 000 家企业。配额总量设定方面，重点关注碳强度下降指标、经济发展预测、能源和产业结构调整、新建项目投产运行规模等情况，试点市场年度发放配额合计约 13 亿 t 二氧化碳当量；首批纳入全国碳市场的 1 700 家发电企业的碳排放量占全国的 1/3。配额分配方法方面，目前，国家发展改革委已明确，全国碳市场内各企业碳排放权额度将依据"基准线法"和"历史强度下降法"确定，在发电行业都采用基准线法。

从交易方式看，湖北碳排放权交易中心官网显示，试点市场交易方式包括协商议价、现货远期、定价转让、一级拍卖等，主要是协商议价。从交易品种看，试点市场主要是配额现货和 CCER（中国核证自愿减排量）交易，北京等试点地区还有林业碳汇、节能项目产生的减排量，但各试点均对 CCER 交易量的比例做出限制，CCER 交易量的比例占试点配额成交量的比例不超过 5%或 10%不等。

地方碳交易试点市场规则见表 4-3。

表4-3 地方碳交易试点市场规则

试点省市	配额分配模式	配额分配方法	碳市场覆盖范围	碳市场交易主体
深圳市	混合模式：90%以上配额免费发放，一次性分配2013－2015年的配额，考虑行业增长	燃煤电厂采用行业基准线法，燃气电厂企业采用历史强度下降法	来自电力、燃气、水供给等26个行业的635家企业	履约企业、机构投资者、个人投资者
上海市	无偿分配：100%免费，一次性分配2013－2015年的配额，适度考虑行业增长	行业基准线法	来自钢铁、石化、化工、金属、电力、建筑材料、纺织、造纸、橡胶和化学纤维等行业的197家企业，覆盖城市排放量的57%	履约企业、机构投资者
北京市	混合模式：95%以上免费，按年度发放，以上一年数据为依据（未考虑增量）	历史强度下降法	来自电力、热力、水泥、石化、汽车制造和公共建筑等行业的约490家企业，覆盖城市排放量的一半	履约企业、机构投资者
广东省	混合模式：2013年电力企业免费额97%，2014年免费额95%，按年度发放，考虑经济社会发展趋势	纯发电机组采用行业基准线法，热电联产机组采用历史排放法	来自电力、水泥、钢铁、陶瓷、石化、金属、塑料和造纸等行业的239家企业，占省排放量的42%	履约企业、机构投资者
天津市	无偿分配：100%免费，一次性制定2013－2015年度配额，每年可调整	历史强度下降法	来自钢铁、化工、电力、石化、炼油等行业的114家企业，占城市排放量的60%	履约企业、机构投资者、个人投资者
湖北省	无偿分配：100%免费，未考虑增量	历史强度下降法	来自钢铁、化工、水泥、电力等行业的138家企业，占省排放总量的35%	履约企业、机构投资者、个人投资者
重庆市	无偿分配：100%免费，按逐年下降4.13%确定年度配额总量控制上限，未考虑增量	历史强度下降法	来自水泥、钢铁、电力等行业的240家企业，占全部排放量的30%～45%	履约企业

专栏 4-3　碳排放权交易试点发展现状

1. 深圳试点

作为首个试点，截至今年 12 月 20 日，深圳市以深圳排放权交易所为交易平台，碳市场配额累计总成交量达 2 841.6 t，总成交额 8.76 亿元，CCER 总成交量 1 091.2 万 t，总成交额约 1.2 亿元。目前，深圳市碳交易管控单位涉及 11 个行业，达 811 家企业。其中，2014 年 8 月 8 日，国家外汇管理局正式批复同意境外投资者参与碳排放权交易，深圳碳试点是国内首家获准引进境外投资者的试点。

2. 上海试点

上海试点以上海环境能源交易所为交易平台，自 2013 年 11 月 26 日开市以来，连续 4 年实现 100%履约。目前已纳入了钢铁、电力、化工、建材、纺织、航空、水运、商业宾馆等 27 个工业和非工业行业的 310 家重点排放企业参与试点。截至目前，上海碳交易市场累计成交总量 8 741 万 t，累计成交金额逾 9 亿元，共有 600 余家企业和机构参与。上海碳交易试点具有制度明晰、市场规范、管理有序、减排有效的特点。试点企业实际碳排放总量相比 2013 年启动时减少约 7%。

3. 北京试点

北京试点以北京环境交易所为交易平台，自 2013 年 11 月 28 日开市以来，完成配额交易与 CCER 交易成交量累计约 2 000 万 t，成交额 8.37 亿元，参与交易的各类主体约 1 000 家。为加大排控力度，2016 年北京市将控排企业的覆盖范围从行政区域内直接与间接排放 1 万 t（含）以上的单位扩大至直接与间接排放总量 5 000 t（含）以上的重点排放单位，履约主体增加近一倍。北京市是 7 个试点省市中交易主体数量最多、类型最丰富的一个，也是首个实现跨区域交易的试点省份，继 2014 年年末与河北省承德市首度实现跨区域碳排放权交易后，2016 年正式启动京蒙跨区交易。

4. 广东试点

广东试点以广州碳排放权交易所为交易平台，2013 年 12 月 19 日正式启动交易，截至 2017 年 5 月底，累计成交配额 5 810.4 万 t，总成交金额 14.15 亿元，分别占全国 7 个试点省市总额的 35.4% 和 36.9%。《广东省 2017 年度碳排放配额分配实施方案》显示，2017 年度纳入碳排放管理和交易范围的行业企业分别是电力、水泥、钢铁、石化、造纸和民航 6 个行业，6 个行业中年排放 2 万 t 二氧化碳（或年综合能源消费量 1 万 t 标准煤）及以上的企业，共 246 家。2015 年 3 月 9 日，广东试点率先实现 CCER 线上交易，为碳排放配额履约构建多元化的补充机制。

5. 天津试点

天津试点以天津排放权交易所为交易平台，2013 年 12 月 26 日正式启动交易。天津市是唯一同时参与了低碳省区和低碳城市、温室气体排放清单编制及区域碳排放权交易试点的直辖市。配额发放方面，除了电力热力行业按照基准法分配配额，其他企业统一采用历史法，再结合企业当年实际产量予以确定。最终，天津市的钢铁、化工、电力热力、石化、油气开采等 5 个行业，以及 2009 年以来年排放二氧化碳 2 万 t 以上的 114 家企业或单位成为第一批强制配额交易主体。

6. 湖北试点

湖北试点以湖北碳排放权交易中心为交易平台，自 2014 年 4 月 2 日开市以来，共有 236 家控排企业、90 个机构、6 306 名个人以及合格境外投资者参与，形成了多元主体参与的市场体系。纳入交易的企业主体是湖北省行政区域内年综合能源消费量 6 万 t 标准煤及以上的工业企业。试点尽管纳入门槛较高，企业数量较少，但覆盖的碳排放比重较大，且注重配额分配灵活可控，初始配额分配整体偏紧，采用"一年一分配，一年一清算"制度，对未经交易的配额采取收回注销的方式进行处理。

7. 重庆试点

重庆试点以重庆碳排放权交易中心为交易平台，2014 年 6 月 19 日正式启动交易。重庆碳市场 2017 年交易活跃，碳排放配额累计交易量达 800 余万 t。纳入的排控企业主要集中在电解铝、铁合金、电石、烧碱、水泥、钢铁等 6 个高耗能行业。

此外，作为碳交易机制的一种制度创新，我国还探索碳普惠制。与高排放的重点排放单位通过参与碳交易机制实现低成本减排不同，碳普惠制主要是鼓励公众自愿践行低碳，对资源占用少或为低碳社会创建做出贡献的公众和企业予以激励，利用市场配置作用达到公众积极参与节能减排的目的。同时通过消费端带动生产端低碳，通过需求侧促进供给侧技术创新。基本运作方式是依托碳普惠平台，与公共机构数据对接，量化公众的低碳行为减碳量，给予其相应的碳币。公众用碳币可在碳普惠平台上换取商业优惠、兑换公共服务，也可进行碳抵消或进入碳交易市场抵消控排企业碳排放配额。

广东省是我国率先试点实施碳普惠制的省份。广东省是我国的碳排放大省，为控制工业领域碳排放，2013 年广东省启动碳交易试点，覆盖电力、钢铁、水泥、石化等重点工业企业。为缓解生活消费领域不断增长的碳排放趋势，推进全社会开展低碳行动，2015 年广东省启动碳普惠制试点工作，以居民用水、用电、用气等为试点开展碳普惠制。2017年，广东省制定出台 《"十三五"控制温室气体排放工作方案》，提出深入开展碳普惠制试点的要求。经过 2 年多的发展，广东省碳普惠制在政策体系建设、试点运行、平台搭建、项目开发等方面取得了一定进展，并持续深化，初步探索出了以政策鼓励、商业激励和减排量交易为导向的碳普惠引导机制。

4.2.2.3　存在的问题

（1）碳排放权交易市场法律体系不健全，政策执行力度不够

健全的法律法规以及强有力的政策支持是碳排放权交易市场能够进行良好运行的保障。虽然目前相关部委出台了政策文件规定碳排放权交易相关活动的开展，试点地区如深圳市、广州市已经制定了部分法律

政策，但碳排放权交易法律政策仍不明确，在市场监管方面缺乏约束，相关制度尚未完全规范碳排放权初始分配和交易操作。

（2）碳交易市场存在一定程度的不公平

公平是碳市场能够保持健康良好运行的首要条件，而我国的碳市场目前还没有清晰完整的奖惩制度和相关政策，碳排放权交易市场存在着不公平现象。由于各试点地区存在发展情况以及政策制定方面的差异，我国目前的碳市场形成了严重的割裂状态，对未来的发展将产生非常消极的作用。

4.2.3 水权交易模式更加灵活多样

水市场中各类用水户对用水权进行的交易，主要交易上下游流域的用水权，下游地区为保证自身生产、生活的需要向上游地区购买一定期限内的、达到生活生产用水标准的用水数量。开展水权跨区域配置，有助于提升水资源利用效率，降低水资源消耗，保护水生态系统。

4.2.3.1 国家层面

生态补偿型水权交易政策体系逐步明晰。2011 年中共中央、国务院印发《关于加快水利改革发展的决定》，指出："水是生命之源、生产之要、生态之基。水利是现代农业建设不可或缺的首要条件，是经济社会发展不可替代的基础支撑，是生态环境改善不可分割的保障系统。"文件强调了水资源开发利用控制红线，明确要建立"最严格的水资源管理制度"，为今后的水权改革指明了方向。2014 年，水利部印发《水利部关于开展水权试点工作的通知》（水资源〔2014〕222 号），在宁夏、内蒙古、广东、河南、甘肃、江西、湖北 7 个省（区）部署开展了水权试点工作，试点包括水资源使用权确权登记、水权交易流转和开展水权制度建设 3 项内容。截至目前，7 个试点地区按照批复的水权试点方案要求，总体上完成了水权改革的目标和任务，总量控制、确权到户、节水优先，初步建立了水权确权、交易、监管等制度体系。2015 年印发的《生态文明体制改革总体方案》要求探索地区间、流域间、流域上下游、行业间、用水户间等的水权交易方式，开展水权交易平台建设。2016 年水利部印发《水权交易管理暂行办法》（水政法〔2016〕156 号），对完善水权制度、推行水权交易、培育水权交易市场、指导水权交易实践提供重要指引。2016 年 6 月 28 日，中国水权交易所正式开业运营，建立了全国统一的水权交易制度、交易系统和风险控制系统，运用市场机制和信息技术推动跨流域、跨区域、跨行业以及不同用水户间的水权交易。开业运营以来，在北京、河北、山西、内蒙古、河南、宁夏等 6 个省（区、市）促成了 31 单水权交易，累计实现交易水量 11.8 亿 m^3，交易价款7.32 亿元，实现了区域水权交易、取水权交易、灌溉用水户水权交易3 种交易形式的全覆盖。2018 年 2 月，水利部、国家发展改革委和财政部印发《关于水资源有偿使用制度改革的意见》，进一步推进了水资源有偿使用制度改革，促进水资源可持续利用。

4.2.3.2 地方实践

各地探索形成了跨区域、行业间、用水户间、上下游间水权交易等多种形式的水权交易模式，从向政府要水转变为到市场找水，促进水资源从低效益领域向高效益领域的流转。一是制度跟进。各试点地区相继出台了一批制度办法，例如，宁夏、江西等省（区）将水权确权和交易纳入了水资源条例，广东省出台水权交易管理办法，内蒙古自治区出台闲置取用水指标处置办法、水权交易管理办法，盘活水权指标。二是跨区域水权交易。内蒙古鄂尔多斯市与巴彦淖尔市开展跨盟市水权转让，通过农业节水落实水权交易指标 1.2 亿 m^3，35 个工业项目有了用水指标，在保障粮食安全的同时满足了工业新增用水需求。三是行业间、用水户间水权交易。宁夏回族自治区探索农业节水—水权转换—工业高效用水模式，单方水效益由 2.9 元提高到 156 元。甘肃省武威市凉州区开展农户间水权交易，2016 年交易水量 603 万 m^3。在广东省东江流域，上游惠州市将节余的东江水转让给下游的广州市，年交易水量 1.02 亿 m^3。

专栏4-4 典型地方水权交易实践

浙江省义乌—东阳水权交易。东阳市将境内横锦水库 5 000 万 m^3 水的永久使用权以 4 元/m^3 有偿转让给下游义乌市，并加收 0.1 元/m^3 综合管理费。东阳市取得了比水成本更高的经济效益，而义乌市既获得了水质达到国家现行 I 类饮用水标准的水资源又降低了水资源使用成本，双方通过水权交易实现了"双赢"。

浙江省杭州市临安区水权交易。2014 年以来，杭州市在全省率先启动东苕溪流域水权改革，临安区成为全省首个水权改革试点。杭州市林业水利局以"流域初始水权分配、农村山塘水库水资源调查确权、水资源资产价格评估、农村水权交易制度制定、交易平台搭建"为突破口，经过 4 年的努力，在临安区初步建立起农村集体经济水资源使用权交易制度，实现全省水权交易的零突破，为杭州市乃至全省农村集体经济水资源使用权交易提供样板。主要做法包括开展农村山塘水库水资源确权、建立农村水权交易制度、探索水资源资产价格评估、搭建三级交易平台等。截至 2018 年年底，杭州市累计完成 22 座农村集体经济所有的山塘、水库水资源所有权确权登记，在全省率先核发了 22 座集体经济所有山塘的水资源使用权证，完成 2 宗水资源使用权的转让交易。

河南省加快推进水权交易试点。作为全国 7 个水权试点省区之一，河南试点工作开展以来，已完成 3 宗 1.22 亿 m^3 的水量交易。2017 年 4 月 18 日，河南省水权收储转让中心成立，成为全国第二家省级水权收储转让平台，中心将承担全省水权收储、转让的重要职能。开封市签到河南省水权收储转让中心成立后的第一单，购买 1 亿 m^3 的水资源。

广东省首宗水权交易项目挂牌。2017 年 7 月 19 日，惠州市用水总量控制指标以及东江流域取水量分配指标转让项目在广东省环境权益交易所正式挂牌，广东省乃至华南地区水权交易挂牌项目实现零突破。此次挂牌交易标的为用水总量控制指标 514.6 万 m^3/a、东江流域取水量分配指标 10 292 万 m^3/a；交易价格为用水总量控制指标不低于 0.662 元 m^3/a、东江流域取水量分配指标不低于 0.01 元 m^3/a；转让期限为 5 年，总成交额不低于 2 217.926 万元。

内蒙古自治区水权交易正在推进。2017 年 11 月 20 日，7 家企业与河套灌区管理总局、自治区水权收储转让中心举行内蒙古黄河水权转让闲置水指标盟市间协议转让签约仪式。本次协议转让共涉及 28 家企业，其中签约 7 家，其余 21 家企业于 2017 年 12 月 10 日前陆续签约。此次水权转让 4 150 万 m^3/a 的闲置水指标，在自治区水权交易平台进行，主要解决鄂尔多斯市、乌海市和阿拉善盟等沿黄盟市现状取用地下水的工业项目的用水问题，共置换现状取用地下水量 3 800 余万 m^3。剩余 350 万 m^3/a 闲置水指标，将用于新增项目用水。3 800 万 m^3 地表水指标用于置换鄂尔多斯市、乌海市、阿拉善盟工业取用的地下水，将促进解决区域地下水超采和地下水生态恶化的问题。

宁夏回族自治区利通区完成首笔水权交易。在利通区水务局的协调下，兴民水利协会联合会将 20 万 m^3 的用水指标转让给月映山农作物种植专业合作社使用，交易期限 1 年，交易价格 0.3 元$/m^3$，交易价款 6 万元。

江西省水权试点进展顺利。江西省于 2015 年印发《江西省水权试点方案》。2015 年的山口岩水库跨流域水权交易开创了江西水权交易"先河"：芦溪县政府分别与安源区政府、萍乡经济技术开发区管委会签订山口岩水库水权交易协议书，芦溪县每年从山口岩水库调剂出 6 205 万 m^3 水量转让给安源区、萍乡经济技术开发区,使用期限 25 年,交易总价 255 万元,其中,安源区政府每年向芦溪县政府缴付费用 14.38 万元,萍乡经济技术开发区管委会每年向芦溪县政府缴付费用 11.12 万元。同时,安源区政府、萍乡经济技术开发区管委会又分别与萍乡水务有限公司签订流转水资源经营权交易协议书,安源区和萍乡经济技术开发区把每年 6 205 万 m³ 水资源经营权有偿转让给萍乡水务有限公司经营,交易期限 25 年,交易总价 20 万元,萍乡水务有限公司每年向安源区政府缴付费用 1.14 万元、向萍乡经济技术开发区管委会缴付费用 0.86 万元。2017 年 11 月底,水利部、江西省政府对江西省水权试点工作进行了联合验收,并同意通过验收。高安市初步完成了水权分配、农民用水合作组织建设、水价成本测算工作,制定了分类水价和超定额累进加价政策,建立了农业用水精准补贴机制和节水奖励机制以及农业水价综合改革试点的制度等。确权登记汇编包括了水库名称、权属、用水户数、水量分配、取水许可等基本技术数据。2021 年 5 月,江西洁美电子信息材料有限公司与江西宜生科技有限责任公司的水权交易在宜黄县成功签约。这是通过江西省产权交易所(江西省公共资源交易中心)完成的第二例水权交易,也是水权交易平台上完成的全国首例工业用水户间的水权交易,标志着江西省水权交易取得突破性进展。

4.2.3.3 存在的问题

(1) 水权确权难度大

不少跨省江河和省内跨区域河流水量分配尚未开展,区域用水总量控制指标和区域取用水权益尚未能完全落实到各水源。不少地区的部分自备水源取用水户和自来水公司存在许可水量偏大或偏小的问题,且缺乏明确的许可水量复核机制,造成许可水量核定困难。对于一些用水总量已经超过或达到区域用水总量控制指标的地区,要增加许可水量,同时,这些地区还面临着缺乏总量指标额度的难题。

（2）水权交易市场活跃度不够

不少地方水权购买意愿不强和惜售现象并存，水权交易市场不活跃。从买方上看，由于缺乏刚性约束机制，一些缺水地区和企业仍存在"等靠要"观念，购买水权的意愿不强。从卖方上看，一些有富余指标的地区或取用水户，对水权交易还存在各种担心，加上水权交易收益不高，激励不足，转让水权的意愿不强。同时，一些地方尚未建立高效的水权交易价格形成机制，制约了水权交易的开展。

4.3　生态产品价值实现模式不断创新

生态产品是人类从自然界获取的生态服务和最终物质产品的总称，既包括清新的空气、洁净的水体、安全的土壤、良好的生态、美丽的自然、整洁的人居，还包含人类通过产业生态化、生态产业化形成的生态标签产品。我国大部分生态功能重要区域与贫困区分布具有高度重叠性，生态产品价值实现模式可突破经济发展与保护环境之间的矛盾，通过发展生态产业、建立绿色协作、绿色标识和绿色采购等方式将生态优势资源转化为社会经济优势，进而助推地区高质量发展。

4.3.1　生态产业发展模式趋于多样化

发展生态产业实质是利用生态资源而不对生态系统产生不利影响，提供更多优质的生态产品，有利于将生态优势转化为经济优势，调动全社会保护好生态环境的积极性，保护好绿水青山。

4.3.1.1　国家层面

生态产业通过对生态资源的产业化培育，实现生态要素或资源的价值转化或增值，将生态优势转化为发展优势，在促进社会经济发展的同

时，能够极大地保护生态环境。生态产业类型涉及生态农业、生态产业扶贫、生态工业、生态旅游等。2018 年，国务院办公厅印发《关于促进全域旅游发展的指导意见》，提到开发建设生态旅游区。中共中央、国务院印发的《乡村振兴战略规划（2018—2022 年）》指出，做好东西部扶贫协作和对口支援工作，着力推动县与县精准对接，推进东部产业向西部梯度转移，加大产业扶贫工作力度。《建立以绿色生态为导向的农业补贴制度改革方案》和《关于创新体制机制推进农业绿色发展的意见》均对建立农业生态补偿机制提出了明确要求。生态产业发展规模既有大产业也有零散小产业，产业基地建设发展速度不一，大产业科技含量较高，且产业聚集效应优势明显，具有较强的市场竞争力，而小产业产品品质和产量都有待提升。

4.3.1.2　地方实践

各地根据当地实际情况结合扶贫、文化、地域特色等形成了多种典型模式，尤其把生态旅游作为生态补偿拓展的方向，形成了生态旅游扶贫、生态旅游"文化+"等形式多样的模式，同时充分发挥生态产品溢价作用，设立生态品牌、发展环境敏感型产业、推动生态产品供需对接，将生态补偿进一步由单纯的资金补偿拓展至多模式促进区域发展。

生态农业。九洲江流域重点整治畜禽养殖污染，着力打造生态养殖新模式，实现了养殖废弃物资源化利用。一是玉林市针对畜禽养殖污染排放量大的突出问题，制定出台《玉林市加强畜禽养殖污染防治工作实施意见》《玉林市生猪小散养殖场（户）污染防治管理规定》等规范性文件，大力推进畜禽养殖污染整治，坚决拆除九洲江流域沿线生猪养殖场。开展整治以来，累计清拆禁养区养猪场2 761家，清理生猪48.26万头。二是推广生态养殖新模式。规模化畜禽养殖采用"高架床+益生菌+

沼气沼肥利用+有机肥生产+生态经济农林种植+牧草种植加工+草浆饲喂生猪"的生态养殖模式，累计完成490家规模养殖场改造，累计规模约达40.6万头生猪（存栏量）。对生猪小散养殖污染进行集中整治，推广"聚银养殖模式"，引导和扶持散小养殖户采取"公司+农户"模式集中经营，推进养殖废弃物集中处理。

生态工业。酒泉市把带动农村经济优化升级、健康发展作为产业振兴的重要抓手，大力发展现代农业、实施农业综合开发、打造中高端农产品。截至目前，酒泉市建成戈壁农业产业园 39 个，肃州区、玉门市全面推广"企业（公司）+合作社+农户"盘活资产的模式，建成 2 个万亩戈壁农业蔬菜生产基地，建成戈壁农业加工销售流通企业 200 多家，培育发展市级以上农业产业化龙头企业 79 家；建成仓储保鲜和冷链物流企业 10 家，保鲜储藏库容 43 万 t；建成大型农产品交易市场 10 个，农产品加工转化能力达到 150 万 t；建成市级以上农民专业合作社示范社 289 个、市级以上家庭示范农场 176 个，吸纳社员 11.8 万人，带动农户 18.9 万多户。培育高效蔬菜、优质林果、特色中药材等优势特色产业面积 220 万亩，占耕地的 84.2%，实现农民人均可支配收入 15 764 元。

生态品牌。浙江省安吉县"竹文化+"生态旅游品牌实践：近年来，安吉县大力开发竹文化、茶文化等反映人与自然和谐共进的地方特色文化，积极打造特色生态旅游品牌。一是多举措发展竹文化，中国大竹海景区先后承接了《卧虎藏龙》《像风像雨又像雾》《夜宴》《功夫之王》等剧组场景拍摄。2009 年安吉竹文化艺术团作为中国唯一的农民艺术团应邀参加第 37 届法国和平艺术节。二是大力发展"竹文化+"产业，依托深厚的竹文化底蕴建成了竹子博物馆、竹叶龙博物馆、山民文化馆等各类竹文化展示场所。以"黄浦江源头"为纽带，举办"上海安吉放歌""万只竹篮进上海"等活动。三是积极参与国际合作，先后与韩国著名竹乡潭阳郡、联合国教科文组织联合开展竹文化交流，并建立长期合作伙伴关系。

环境敏感型产业。依托洁净水源、清洁空气、适宜气候等自然本底条件，适度发展数字经济、洁净医药、电子元器件等环境敏感型产业。良好的生态环境、清洁的空气成为浙江省丽水市龙泉市新的发展资本，国镜药业"慕名而来"，利用当地清洁空气优势，延长了企业生产中空气过滤器更换周期，空气过滤袋初效、中效、高效的更换周期分别为以前的 1.3 倍、1.5 倍和 3～4 倍，通过减少过滤器更换次数，空气过滤袋的年更换成本由过去的 200 万元左右下降到现在的 90 万元左右，系统维护费用下降近 60%。2018 年，国镜药业完成科工贸一体化企业布局，实现工业产值 3.02 亿元，成为当地健康医药产业的标杆企业。

生态产品供需精准对接。浙江省丽水市全国首创服务农村电商的"赶街"模式，在农村植入、普及、推广电子商务，并以此为核心延伸物流配送等服务，按照"企业主体、政府推动、市场运作、合作共赢"的原则，充分发挥电子商务优势，突破农村网络基础设施、电子商务操作和物流配送等"瓶颈"制约，实现"消费品下乡"和"农产品进城"双向流通功能，让农民在村实现购物、售物、缴费等方面一站式办理。截至 2019 年，全市已建成 8 200 个村级电商服务站，每月帮助农民销售农副产品上千万元。

4.3.1.3　存在的问题

（1）生态产业定位不明确，且缺乏科学规划布局

一些地区在建设生态产业时未能够将地区自然资源优势特征和区位特征分析到位，存在盲目跟风的现象，建设的生态产业项目没有自身的真正特色，导致市场竞争力不强。还有一些地区虽抓住了地域生态产品的特色，但是生态产业建设布局不合理，没有实现错位发展，导致同

一地区生态产业竞争激烈，给市场收益造成一定影响。

（2）生态产业科技研发能力较弱，难以形成品牌效应

目前，很多生态产品科技含量较低，以生物资源为依托的生态加工业基本处于初级产品加工阶段，产业链延伸不够，资源也未得到有效整合，转化率较低，另外，由于缺乏产学研和创新联盟，生态产品难以形成品牌效益，市场竞争力薄弱。

（3）生态产业规模化生产仍有待加强

很多地方自然资源优势得天独厚，但由于缺乏专业的产业管理人才和技术人才，生态产业规模始终难以发展壮大。例如，在以种植业为主的生态农业发展方面，由于气候和虫害等原因，很多农产品产量难以保证，规模化发展受到一定影响，难以形成集聚效应，其产业可持续性也面临一定困境。

4.3.2　绿色标识发展愈发规范

绿色标识，即赋予对环境影响比较大的产品以社会信誉，实行标志认证。绿色标识产品一般高于同类产品的市场价格，进而可以引导市场投资者对生态保护的投入，发挥绿色标识促进生态系统服务价值实现的作用。

4.3.2.1　国家层面

我国开展绿色产品的认证、标识、标准等研究已具备一定的基础。2015 年 9 月，中共中央、国务院印发《生态文明体制改革总体方案》（中发〔2015〕25 号），提出"建立统一的绿色产品体系"。2016 年 12 月，国务院办公厅印发《关于建立统一的绿色产品标准、认证、标识体系的意见》，提出到 2020 年，初步建立系统科学、开放融合、指标先进、权威统一的绿色产品标准、认证、标识体系，实现一类产品、一个标准、

一个清单、一次认证、一个标识的体系整合目标。同年，国家质量监督检验检疫总局发布了《绿色产品评价通则》国家标准和《生态原产地产品保护评定通则》行业标准，为各类绿色产品评价标准的制定工作发挥指导作用。2017 年，国家质检总局、住房城乡建设部、工业和信息化部、国家认监委、国家标准委联合印发《关于推动绿色建材产品标准、认证、标识工作的指导意见》（国质检认联〔2017〕544 号），拟在建材领域及浙江省湖州市等重点区域优先开展绿色产品认证试点工作。2019 年，国家市场监管总局发布《绿色产品标识使用管理办法》，明确国家市场监管总局统一发布绿色产品标识，建设和管理绿色产品标识信息平台，明确了绿色产品标识适用范围、样式和使用要求等。2021 年，国家认监委通过《关于发布绿色产品认证实施规则的公告》修订及发布了 14 个绿色产品认证实施规则，涵盖人造板和木质地板、家具、塑料制品等，进一步规范了相关行业的绿色产品认证。组织成立了国家绿色产品评价标准化总体组，加强绿色产品评价标准化工作统筹规划和技术协调；初步搭建了绿色产品信息平台，稳步推进绿色产品认证国际合作。2021 年，农业农村部印发《农业生产"三品一标"提升行动实施方案》，更高层次、更深领域推进农业绿色发展。我国环境标志产品类别见表 4-4，绿色标识类型对比见表 4-5。

表 4-4 中国环境标志产品类别表

类别	具体内容
办公用品	计算机设备、打印设备、显示设备、办公消耗品
机动车辆	车辆、客车
家具	床类、台桌类、椅凳类、沙发类、柜类、架类、屏风类、组合家具
建筑材料	轻质墙体板材、水泥、瓷砖、涂料、卷材、卫生陶瓷等
其他	生活用电器、纺织用料、门窗

表 4-5　绿色标识类型对比

绿色标识类型	产品内涵	管理机关	相关标识
生态原产地产品	在生命周期中符合绿色环保、低碳节能、资源节约要求并具有原产地特征与特性的生态良好型产品［《生态原产地产品保护评定通则》（SN/T 4481—2016）］	国家质量监督检验检疫总局	
环境标志产品	取得环境标志产品认证，表明其不仅质量合格，而且在生产、使用和处理处置过程中符合特定的环境保护要求，与同类产品相比，具有低毒少害、节约资源等环境优势（ISO 14020 系列标准），类似国际上的"生态标志"产品	生态环境部	
绿色产品	通过绿色产品认证；在产品全生命周期资源节约、环境友好、消费友好等特征的绿色属性产品，包括节能、节水、环保、低碳、循环、再生、有机等产品	中国国家认证认可监督管理委员会	

4.3.2.2　地方实践

随着绿色生态可持续理念的深入，人们对绿色认证产品的青睐度和购买力日益提升，借助区域生态资源品质优势，强化对生态产品的绿色标识认证，对推动生态产品的价值转化具有重要意义。各地在绿色标识认证方面开展了大量探索。重庆市酉阳县已建成青花椒、油茶、中药材等各类特色产业基地 125 万亩，成功申报"酉阳贡米""酉阳油茶"等 7 个国家地理标志证明商标，获认证绿色、有机、无公害农产品 48 个，包装上市绿色生态农特产品 376 个，农业综合效益不断提高。截至 2019

年，四川省"三品一标"农产品 5 357 个，其中无公害农产品 3 684 个、地理标志农产品 166 个、绿色食品 1 385 个、有机食品 122 个，"三品一标"农产品数量位居全国前列。已经成功创建粮油、蔬菜、水果等全国绿色食品原料标准化生产基地 61 个、面积 876 万亩，基地数量位居全国第 2 位，基地面积位居全国第 4 位。四川省"丹丹牌"郫县豆瓣酱由于是中国驰名商标，其品牌价值高达 649 亿元，其公司旗下有 4 款产品被认证为绿色食品，售价高于普通产品 50%左右。云南省农业部门积极开展以无公害食品、绿色食品、有机农产品和地理标志农产品为主体的"三品一标"认证工作，截至 2017 年年底，全省"三品一标"产品已达 2 061 个，其中绿色食品有效获证企业 303 家，产品 787 个，监测面积 93.55 万亩，年总产量 233.2 万 t，年产值达 116.95 亿元。贵州省共有有机农产品 1 446 个，有机认证面积 170.45 万亩；全省获绿色食品标志使用许可的企业 87 家，产品 152 个，其中，加工类企业 38 家（68 个产品），占企业总数的 43.7%（占产品总数的 44.7%），此外，还搭建了绿色农产品交易平台。湖南省积极推进"三品一标"绿色食品认证工作，截至 2020 年，湖南省有效认证绿色食品 1 860 个，居全国第 4 位；有机农产品认证 235 个，居全国第 3 位；加上无公害农产品、农产品地理标志，全省"三品一标"总数达 4 160 个，居全国前列。浙江省也积极开展绿色产品认证，并以绿色建材为突破口，将湖州市建成全国首个绿色产品认证试点城市，开展绿色产品标准、认证、标识体系改革工作。

4.3.2.3 存在的问题

（1）绿色标识认证体系尚不健全

目前尚未形成统一完善的绿色产品标准、认证和监管体系，各省虽已按照国家绿色产品认证标准实施认证，但尚未建立绿色标识产品清单制度，无公害农产品、绿色食品、有机产品认证制度和地理标志保护制度有待规范和健全，而且同时开展"三品一标"认证的产品和企业较少，森林生态标志产品和森林可持续经营认证制度营销效果并不明显，绿色能源制造认证机制有待健全。

（2）绿色产品营销推广度较低

由于绿色产品营销推广需要成本，很多企业对绿色产品市场推广力度不够，导致消费者对绿色产品认知能力有限，无法直接通过标识直接辨别产品质量等级，消费意愿不强。

4.3.3 绿色采购制度逐渐完善

推广和实施绿色采购有助于拓宽生态功能重要区域产品的市场销售渠道，有序引导社会力量参与绿色采购供给，形成改善生态保护公共服务的合力。

4.3.3.1 国家层面

目前，政府绿色采购政策以发布政府采购节能产品清单和环保产品清单为基础，以强制采购和优先采购为手段。2004 年 9 月，财政部、国家发展改革委发布的《节能产品政府采购实施意见》，要求各级国家机关、事业单位和团体组织用财政性资金进行采购的，应当优先采购节能产品，并建立定期更新节能产品清单的制度。截至 2017 年 12 月，节能产品政府采购清单调整公布了 23 期。2006 年 11 月，财政部、国家环保总局联合印发了《关于环境标志产品政府采购实施的意见》，要求各级国家机关、事业单位和团体组织用财政性资金进行采购的，要优先采购环境标志产品，并建立了类似节能产品清单的环境标志产品清单。截至 2017 年 12 月，环境标志产品政府采购清单调整公布了 21

期。2014 年修订的《中华人民共和国政府采购法》规定，政府采购是指各级国家机关、事业单位和团体组织，使用财政性资金采购依法制定的集中采购目录以内的或者采购限额标准以上的货物、工程和服务的行为。政府集中采购目录和采购限额标准依照本法规定的权限制定。2015 年颁布实施的《中华人民共和国政府采购法实施条例》第六条规定，"通过制定采购需求标准、预留采购份额、价格评审优惠、优先采购等措施，实现节约能源、保护环境、扶持不发达地区和少数民族地区、促进中小企业发展等目标"。据统计，2016 年，我国政府采购规模为 25 731.4 亿元，较上年增加 4 660.9 亿元，同比增长 22.1 个百分点，占当年全国财政支出和国内生产总值（GDP）的比重分别为 11%和3.3%。从政府采购落实节能环保政策情况来看，全国强制和优先采购节能产品规模达到 1 344 亿元；全国优先采购环保产品规模达到 1 360亿元。2017 年，财政部下发了《关于印发节能环保产品政府采购清单数据规范的通知》，要求逐步提高节能环保产品政府采购清单执行工作的规范化程度。2016 年 6 月和 12 月，财政部分别印发了《第二十二期节能产品政府采购清单》和《第二十三期节能产品政府采购清单》，节能清单所列产品包括政府强制采购和优先采购的节能产品。2019 年，财政部、国家发展改革委、生态环境部、国家市场监管总局联合出台《关于调整优化节能产品、环境标志产品政府采购执行机制的通知》，完善政府绿色采购政策，简化节能（节水）产品、环境标志产品政府采购执行机制，优化供应商参与政府采购活动的市场环境。2021 年，国务院发布《关于加快建立健全绿色低碳循环发展经济体系的指导意见》（国发〔2021〕4 号），提出要加大政府绿色采购力度，扩大绿色产品采购范围，逐步将绿色采购制度扩展至国有企业。

4.3.3.2 地方实践

各地积极按照国家部署要求，逐步规范和完善绿色采购制度、开展实践。

各地逐步完善绿色采购制度。青岛市于 2005 年开始实施《青岛市绿色采购环保产品管理暂行办法》和《政府绿色采购环保产品证书》，规定了申请绿色采购环保产品的原则、条件、申请和评审程序。2007 年山东省财政厅发布《山东省节能环保产品政府采购评审办法》，要求在评审时给予节能、环保产品一定的价格扣除和加分。天津市政府采购中心规定协议采购只允许采购"环境标志清单"和"节能清单"产品。沈阳市环保局、发展改革委、经委等部门联合推出"绿色采购"计划，提出设立专门评审机构，规范评审程序、评审办法。

江苏省淮安市开通了公车评估和拍卖机构采购"绿色通道"。2016 年，江苏省淮安市相关部门稳步推进公车评估和拍卖机构采购工作，开通了"绿色通道"，全过程参与服务。通过公开采购确定评估、拍卖机构，有利于防止出现取消的公车在处置过程中甩卖和贱卖现象，避免国有资产流失。采购需求按法律规定由采购人提出后，由采购人、交易中心、淮安区财政局对照法律进行三层审查，确保采购需求合理、合规和合法。

黄山市创新乡村"垃圾兑换超市"和"七统一"农药化肥集中配送体系。黄山市创新乡村"垃圾兑换超市"，让村民主动参与垃圾回收处置，有效实施了垃圾分类，解决了村级保洁和汛期垃圾入河的问题。截至 2017 年年底，黄山市已建成垃圾兑换超市 24 个，平均每个超市收集垃圾效率相当于 3 名农村保洁员工作的成效。此外，黄山市建立了"政府采购、统一配送、信息化管理、零差价销售、财政补贴"的农药化肥集中配送体，农药电子管理系统已试运行，通过招标采购方式，并及时配送到基层网点，确保农民零差价购买、农药配送体系有效运转。截至2017 年年底，黄山市乡镇一级网点覆盖率达 98%，回收农药包装废弃瓶（袋）1 890 万个并进行无害化处理。

4.3.3.3　存在的问题

虽然各地已实施绿色采购制度，但对于生态产品价值实现并无显著推动作用，亟须基于绿色采购供应和需求关系，建立绿色采购交易平台以及有利于生态产品价值转化的区域内绿色采购交易机制。

4.3.4　绿色协作以政府引导为主带动多地协同发展

绿色协作是利用资源禀赋和生态保护能力的差异，受益地区支持保护地区保护生态环境的一种"造血型"补偿方式，通过将补偿资金转化为技术或产业项目形成造血机能与自我发展机制，使外部补偿转化为自我积累能力和自我发展能力。

4.3.4.1　国家层面

2010 年年底，在财政部和环境保护部大力推动下启动的新安江流域水环境补偿试点是我国首个国家层面的跨省流域生态补偿政策实践；此后，基于新安江流域的跨省生态补偿机制构建经验，九洲江、汀江—韩江、东江、引滦入津、赤水河、密云水库上游潮白河等多个跨省流域上下游横向生态补偿试点深入推进。截至 2020 年，我国已有安徽、浙江、广东、福建、广西、江西、河北、天津、云南、贵州、四川、北京、湖南、重庆、江苏 15 个省（区、市）参与开展了 10 个跨省流域生态补偿试点工作。现有跨省流域生态补偿机制一般是在国家的推动和协调下，各省（区、市）政府间签订流域生态补偿协议，确定补偿基准和补偿资金额度，然后根据联合监测结果拨付补偿资金，中央一般向参与签订协议的上游地区提供引导性补助资金，这是绿色协作的典型做法。

4.3.4.2 地方实践

目前各地在开展绿色协作实践中比较成熟的做法有园区合作、对口协作、设立生态岗位等形式。

园区合作。浙江省金华市与磐安县的园区合作是最早的园区合作探索，为保护磐安县水源区水环境，使水质保持在 III 类饮用水标准以上，上游磐安县和金华市共建开发区，将上游磐安县招商引资项目引入金华市开发区，产生的税利全部返回给磐安县，对磐安县的经济发展、扶贫工作起到了一定推动作用。之后，浙江省绍兴市也探索了类似做法，浙江省绍兴市由环境容量资源相对丰富地区向环境敏感地区提供发展空间，建立"异地开发生态补偿试验区"，促进生产力合理布局，进一步增强环境敏感地区发展动能。

对口协作。南水北调中线工程受水区的北京市、天津市通过对口协作对丹江口库区及上游地区的湖北、河南、陕西等省进行补偿。2014 年起，重庆市优化主城区和渝西片区对渝东北、渝东南片区的对口帮扶机制，明确 2017 年年底前，每年锁定帮扶资金实物量，通过年度结算方式补助受扶区县，探索建立生态产品受益区县对供给区县的横向生态补偿机制。

设立生态岗位。青海省在国家草原生态保护奖补配套资金的基础上，率先在三江源探索草原生态管护公益岗位开展试点工作，每 2 000 hm² 设置 1 名草原管护员，全省新增草原生态管护员 13 894 名。截至 2020 年，全国生态护林员已达 110.2 万人，2016—2020 年，中央

财政累计安排生态护林员资金 201 亿元，带动贫困人口稳定脱贫和增收，森林得到有效保护。

4.3.4.3 存在的问题

（1）绿色协作国家干预度过高

以流域横向生态补偿为例，目前大多是在中央政府的指导下进行的，补偿实施的启动基金也主要来源于中央和地方财政，虽然实施效果比较顺畅，但是一旦未来国家不再进行财政投入，这种绿色协作可能就难以为继，补偿可持续性明显不足。

（2）流域绿色利益分享机制仍需健全

目前，流域绿色利益分享主要集中在上下游实施横向生态补偿，基于生态产业扶持、绿色产品采购和绿色标识认证产品市场推广的绿色利益分享机制尚未建立，而这些恰恰是促进生态产品价值转化的重要路径，因此，亟须从流域层面建立相应的绿色利益分享机制。

4.4 多种绿色金融方式已开始兴起

完善生态补偿融资机制有利于引导金融机构对生态保护地区的发展提供资金支持，将绿色金融领域的绿色发展基金、绿色债券等方式引入生态补偿中来，通过收益优先保障机制吸引金融机构以及社会资本投入，更好地保障生态保护与修复的可持续性，提升区域生态系统服务价值。

4.4.1 国家出台一系列绿色金融制度并设立试验区

我国已经出台了一系列绿色金融方面的制度，加快了绿色金融的发展速度。2015 年 4 月制定的《中共中央　国务院关于加快推进生态文明建设的意见》，首次提出开展环境污染责任保险试点，并推广排污权抵押等融资和绿色信贷业务。2015 年 9 月印发的《生态文明体制改革总体方案》对绿色金融体系改革制定了总体方案。同年 10 月，党的十八届五中全会再次明确我国要发展绿色金融。2016 年 3 月，"十三五"规划明确建立绿色金融体系，发展绿色信贷、绿色债券，设立绿色发展基金。2016 年 8 月，中国人民银行、财政部、国家发展改革委等七部门发布的《关于构建绿色金融体系的指导意见》明确提出，发展各类碳金融产品，有序发展碳远期、碳掉期、碳期权、碳租赁、碳债券、碳资产证券化和碳基金等碳金融产品和衍生工具，探索研究碳排放权期货交易。2017 年 6 月，国家决定在浙江、广东、贵州、江西、新疆 5 省（区）部分地区设立绿色金融改革创新试验区，探索适合我国的制度、组织方式、市场模式和产品创新，并且 2019 年中国人民银行进一步发布通知，放宽绿色债务融资工具资金募集途径，明确其可用于投资绿色发展基金，使募集资金使用更加灵活有效。2018 年 11 月，在伦敦召开了"一带一路"建设与绿色金融发展论坛，推动了中英双方开展绿色金融合作、实现绿色发展。目前，我国没有专门为环境保护而设立独立的绿色税种，但是 2018 年 1 月开征的环境保护税，意味着我国税制向"绿化"转型迈出了重要一步。我国绿色金融政策发布情况见表 4-6。

表 4-6　绿色金融政策一览表

年份	绿色金融政策	发布机构
1995	《关于贯彻信贷政策和加强环境保护工作有关问题的通知》	中国人民银行
2007	《节能减排授信工作指导意见》	银监会
2007	《关于落实环境保护政策法规防范信贷风险的意见》	国家环保总局、中国人民银行、银监会

年份	绿色金融政策	发布机构
2008	《国家环境保护总局中国银行业监督管理委员会信息交流与共享协议》	国家环保总局、银监会
2012	《绿色信贷指引》	银监会
2013	《绿色信贷统计制度》	银监会
2014	《绿色信贷实施情况关键评价指标》	银监会
2015	《中共中央　国务院关于加快推进生态文明建设的意见》《生态文明体制改革总体方案》	国务院
2015	《能效信贷指引》	银监会、国家发展改革委
2016	《关于构建绿色金融体系的指导意见》	"一行三会"、财政部等国家7部门
2017	《非金融企业绿色债务融资工具指引》	中国银行间市场交易商协会
2017	《关于支持绿色债券发展的指导意见》	中国证监会
2017	《浙江省湖州市、衢州市建设绿色金融改革创新试验区总体方案》《广东省广州市建设绿色金融改革试验区总体方案》《新疆维吾尔自治区哈密市、昌吉州和克拉玛依市建设绿色金融改革创新试验区总体方案》《贵州省贵安新区建设绿色金融改革创新试验区总体方案》《江西省赣江新区建设绿色金融改革创新试验区总体方案》	中国人民银行等7部门
2018	《环境污染强制责任保险管理办法》	生态环境部、保监会
2019	《甘肃省兰州新区建设绿色金融改革创新试验区总体方案》	中国人民银行等6部门
2019	《关于支持绿色金融改革创新试验区发行绿色债务融资工具的通知》	中国人民银行
2020	《银行业金融机构绿色金融评价方案》	中国人民银行

总体来看，我国绿色金融的发展大致分为 3 个阶段。一是绿色金融制度的探索阶段（1995—2016 年）：从 1995 年我国首次在金融支持环境保护上有明确的政策制度到 2015 年首次提出排污权抵押等融资和绿色信贷业务，绿色金融产品越来越丰富，但这些产品依旧相对独立，绿色金融整体处于破碎化的发展状态；二是绿色金融政策体系的初建阶段（2016—2017 年）：2016 年由中国人民银行、财政部等 7 部门联合发布的《关于构建绿色金融体系的指导意见》首次提供了中国绿色金融政策框架的顶层设计，但该框架体系也处于探索发展阶段，缺乏实践检验，但绿色金融体系初步建成；三是绿色金融政策试点的实践阶段（2017 年至今）：广东、浙江、江西、贵州、新疆、甘肃 6 省（区）部分地区建设的各有侧重、各具特色的绿色金融改革创新试验区，开创了我国绿色金融体系实践的先河，2020 年深圳市发布《深圳经济特区绿色金融条例》，是我国首部绿色金融法规，其发展经验必将对我国未来绿色金融制度体系的建立和绿色产业、绿色金融的发展提供借鉴。

4.4.2　绿色金融实践在重点领域快速发展

运用金融手段可以最大限度地吸引社会资本参与生态环境保护，弥补生态补偿资金缺口。近年来，我国绿色金融发展势头迅猛，尤其绿色信贷、绿色债券、绿色基金、绿色保险、绿色指数、绿色交易类产品（碳金融）等绿色金融产品在国内发展快速，截至 2020 年 12 月，我国 21 家银行业金融机构，其中包括 1 家开发性银行、2 家政策性银行、6 家国有大型商业银行和 12 家股份制商业银行，绿色信贷余额超过 11 万亿元，绿色交通、可再生能源和节能环保项目的贷款余额及增幅规模位居前列。

绿色信贷是指金融机构根据我国产业结构调整方向，对高污染、高

能耗、高排放等项目贷款额度加以限制，并以较高的利率加以惩罚，而对节能产业和环保产业等绿色产业给予低利率优惠的金融政策手段。截至 2020 年 12 月底，21 家银行的绿色信贷余额 11.59 万亿元，不良率远低于同期各项贷款整体不良水平。绿色信贷环境效益逐步显现，每年可支持节约标准煤超过 3.2 亿 t，减排二氧化碳当量超过 7.3 亿 t。

绿色债券是指募集资金最终投向符合规定条件的绿色项目的债权债务凭证。2018 年我国已成为世界绿色债券第二大来源国。2020 年，我国境内绿色债券共计发行 217 支，发行规模 2 242.74 亿元，占同期全球绿色债券发行规模的 12.99%；境内绿色债券累积发行规模达 11 095.54 亿元。我国市场共发行 105 单绿色资产支持证券（ABS），规模总计 1 232.52 亿元，绿色 ABS 规模占比超过了 50%。2018 年 11 月 13 日，兴业银行正式发行首支境外绿色金融债券，这是首家完成境内境外两个市场绿色金融债发行的中资商业银行，也是全球发行绿色金融债余额最大的商业金融机构。国家绿色金融创新试验区先后开展绿色金融创新实践，截至 2020 年年末，六省（区）九地试验区绿色贷款余额达 2 368.3 亿元，占全部贷款余额比重约 15.1%，比全国的平均水平高了 4.3 个百分点；绿色债券余额 1 350 亿元，同比增长 66%；江西省赣州新区成功发行了全国首单经认证的绿色市政专项债券；广东省广州市花都区创新了碳排放权抵质押融资等金融产品。在全国试验区以外的其他地区同样积极发展绿色债券等金融方式，例如，北京市在全国率先打造"模型驱动的嵌入式金融服务模式"，建设"创信融"企业融资综合信用服务平台；山东省青岛市成功发行全球首单非金融企业蓝色债券；浙江省温州市持续深化"首贷"培植工程，在浙江省内率先建立逐户统计的企业首贷户统计制度。

绿色基金通常是指服务于节能减排、生态环保、可持续发展等目标的专项投资基金。2020年，全国设立并在中国证券投资基金业协会备案的绿色基金有126支，其中私募绿色基金105支，公募绿色基金21支，同比上升64%；绿色基金增长率为16%，同比增加45%。截至2019年11月末，全国公募发行的环境、社会责任类证券投资基金共133支，总规模约为687.1亿元。2018年11月15日，欧盟出资550万欧元的项目"中国绿色城市发展基金"（CGCDF）启动。2020年7月，我国生态环境保护领域第一个国家级政府投资基金国家绿色发展基金成立，首期规模885亿元，由中央财政和长江经济带沿线的11个省（市）地方财政共同出资，同时也吸引了社会资本参与。

绿色保险包括与应对环境污染和气候变化、促进生态文明建设有关的保险产品服务和保险资金运用以及绿色的保险发展方式。近年来，我国绿色保险发展迅速，例如，扩大试点进行养殖业保险与养殖业病死无害化处理，陆续开发了促进环保市场化应用的重大技术装备保险、新材料产品质量保险、风力发电企业风力发电指数保险、光伏发电企业太阳能发电指数保险等新的绿色保险产品，增加了对地震、台风、暴雨等巨灾风险保险的服务等。此外，环境污染强制责任保险制度的相关建设工作也正在逐步完善，已覆盖重金属、石化、医药废弃物等20余个高环境风险行业，绿色保险保障功能不断提升。2017年环境污染责任保险支出306亿元，为1.6万余家企业提供了风险保障。据中国保险行业协会统计数据，截至2019年9月，以债权投资计划形式进行绿色投资的保险资金的注册总规模达8 390.1亿元。

碳金融是指金融支持低碳经济发展并服务限制温室气体排放的一切活动。2013—2014年，北京市、重庆市、上海市、天津市和广东省深圳市以及广东省和湖北省陆续开展碳市场试点工作，采取一系列措施。这些措施包括扩大行业覆盖范围、改善配额分配机制和引入衍生产品等。目前 7 个试点地区共持有 20 多种碳金融产品，共覆盖电力、钢铁、水泥等 20 余个行业近 3 000 家重点排放单位，截至 2020 年 11 月，我国累计配额成交量达 4.3 亿 t 二氧化碳当量，成交额约 100 亿元，有效推动了试点省市应对气候变化和控制温室气体排放工作。

专栏 4-5　绿色金融地方实践

1. 绿色信贷

华亭市金融系统积极支持煤炭行业技术改造升级和行业兼并重组，发展循环经济。一方面，为配合组建华亭煤业集团和华亭煤电股份公司，各商业银行积极向上级行申请核销公司债务，大幅提升新设集团的授信额度，为华亭煤业技术升级改造提供资金支持；另一方面，积极提供信贷资金延长华亭市以煤炭产业为中心的产业链，先后建成坑口电厂、煤矸石电厂，并围绕电厂废热进行了供暖改造，完成绿色循环可持续的改革，实现了产业循环可持续发展。

2. 绿色基金

在绿色基金上，新安江流域设立新安江绿色发展基金，鼓励社会资本参与新安江生态环境保护工作。黄山市在第一轮试点与国家开发银行合作基础上，积极探索设立新安江绿色发展基金，由国家开发银行安徽分行牵头，国开证券有限责任公司与中非信银投资管理有限公司、黄山市政府共同发起设立，主要投向生态治理、环境保护、绿色产业发展、文化旅游开发等方面。首期绿色发展基金按 1∶4 结构设计，试点资金 4 亿元，基金期限为"5 年+3 年"，即前 5 年为投资期，后 3 年按照 30%、30% 和 40% 的比例退出。目前，首批筛选启动 10 个项目，计划投资 43.08 亿元，其中生态建设项目的投资额不低于 20%。同时，以流域上下游水环境补偿为平台，皖浙两省战略合作日渐深入，通过开通黄杭高铁等措施，进一步加强协作，探索多元化的合作方式，上下游联动互助、共同发展、可期可待。

2020 年 7 月，财政部、生态环境部、上海市共同发起设立国家绿色发展基金，首期规模 885 亿元，其中财政部和长江沿线 11 个省（市）出资 286 亿元，各大金融机构出资 575 亿元，部分国有企业和民营企业出资 24 亿元，充分体现了政府引导市场化运作的特色。基金将重点投资污染治理、生态修复和国土空间绿化、能源资源节约利用、绿色交通和清洁能源等领域。基金将聚焦长江经济带沿线绿色发展重点领域，探索可复制、可推广的经验，并适当辐射其他国家重点战略区域。

3. 绿色金融改革创新试验区建设

2017 年，国务院第 176 次常务会议决定在广东、浙江、江西、贵州、新疆 5 省（区）部分地区建设各有侧重、各具特色的绿色金融改革创新试验区，中国人民银行等 7 部门联合印发针对这 5 省（区）建设绿色金融改革创新试验区的总体方案，为这 5 省（区）进行绿色金融改革创新试验区建设提供了核心纲领和政策引导，这标志着我国的绿色金融发展迈出了新的一步。建设绿色金融改革创新试验区的目的在于探索可复制、可推广的经验，推动经济绿色转型升级。2018 年，5 省（区）根据自身发展实际情况分别部署绿色金融实施细节，如贵州省贵安新区发布了《贵安新区关于支持绿色金融发展的政策措施》和《贵安新区绿色金融改革创新试验区建设实施方案》。而且从目前情况来看，各地区根据自身的资源条件和经济特点发挥本地优势，已经探索出一条适合本地的绿色金融发展模式。首批试点是综合考虑经济发展阶段、空间布局、地区产业特色等因素选出的，地域上实现了东部、中部和西部的空间全覆盖。在前期的探索和实践中，5 省（区）已建立或承诺了财政税收优惠等方面的激励机制，为绿色金融的试点营造了合适的发展环境，为更广泛的绿色金融政策和工具落地奠定了基础。截至 2018 年 3 月，5 省（区）绿色贷款余额已达 2 600 多亿元，比试验区获批前增长了 13%，且不良率相较之前的 1.06% 下降了 0.94%。各地区间绿色信贷余额也有所差异，其中浙江省湖州市绿色信贷最高，达 755.54 亿元，广东省广州市花都区最少，为 106.35 亿元。

4.4.3 存在的问题

目前来看，我国在绿色金融方面的发展实践还主要体现在银行的绿色信贷，而在证券和保险等方面的参与还很少，这在极大程度上制约了我国绿色金融的发展。我国在绿色金融方面的业务有限会限制我国绿色金融与其他金融机构之间的密切联系，社会公众对绿色金融的相关业务的参与度也会不高，我国绿色金融的发展就难免不快。缺乏完善的法律体系和监管机制、信息披露程度不足、社会资本参与不足是制约绿色基金发展的主要原因。制约着绿色证券和保险业务实现的因素有很多，除了缺乏相应的环境准入机制以外，还缺乏可供参照的具体可行政策。

5

深入推进市场化、多元化
生态补偿的难点

5.1 有关生态补偿的专项立法还未正式出台

市场经济本身是一个法治经济，生态补偿市场化只有在法治的保障下才能规范、高效运转。虽然制定生态补偿条例在 2010 年就列入立法计划，2020 年发布《生态保护补偿条例（公开征求意见稿）》，生态补偿条例进入征求意见阶段，但因所涉及的利益关系复杂，补偿原则、领域、主体、资金、方式、对象、绩效评估等核心内容尚在探索之中，一直迟迟未出台，目前还未形成专门的生态补偿立法，对生态补偿相关各方的权利、义务缺乏法律规范，而且有关领域补偿政策的制定往往由各主管部门负责，缺乏整体性和协同性。

5.2 相关部门在推进市场化、多元化补偿方面尚未形成合力

虽然有关部门积极探索开展多种形式市场化、多元化生态补偿方

式，如生态环境部开展排污权交易，水利部开展水权交易等，但是一直比较碎片化，各部门尚未整合生态补偿资金和资源，不同领域或要素的市场化、多元化补偿进展程度不一，有的比较完善，有的总体上还处于试点探索阶段。部门之间市场化、多元化补偿的模式有所不同，也有所交叉，不同模式之间也存在很多问题，标准不统一。由于市场化、多元化补偿同时涉及多个部门职责，如发展生态产业，需要国家发展改革委、自然资源部、生态环境部、住建部、农业农村部、国家乡村振兴局等多个部门共同参与；建立健全绿色标识，需要国家市场监管总局、国家发展改革委、自然资源部、生态环境部、水利部、农业农村部等部门共同参与，采取有关部门分工负责推进、密切配合的方式，对于共同推进市场化、多元化补偿重点任务的分解落实和实施到位至关重要，能够有效推动管理部门尽职履责。

5.3 政府与市场职能边界不清晰

开展市场化、多元化生态补偿的重要着力点是依靠市场，但是基于我国社会主义性质，中国必须坚持政府主导的市场经济体制，开展市场化、多元化生态补偿不能完全依靠市场，必须发挥好政府的监管统筹作用，这样才能建立起不仅具有明晰的产权、市场竞争、价格机制等市场经济的一般特点，又因其社会主义特色而更富有活力和魅力的生态补偿机制。在此背景下，市场化、多元化补偿本质上是以政府为主导，市场为主体的模式，在发挥政府主导作用、保证国家性质的前提下，能够充分发挥市场在资源配置中的基础性作用。开展市场化、多元化的生态补偿区别于环境标准和环境保护税等强制性的政策手段，补偿资金主要不是来自政府，重点是市场参与者在现有的法律规章制度下的自主决策行为，市场化、多元化的生态补偿就是以产业生态化和生态产业化为导向，以企业等市场参与者为投资主体的生态补偿机制。但是由于市场失灵、垄断、公共物品等问题在不同时期、地区都会发生，市场化不能完全脱离政府，需要政府参与并发挥作用，正确地处理市场与政府的关系，厘清政府与市场的边界，明确政府的职权和责任边界，市场才能发挥决定性作用。但是目前的困难在于从制度层面划清政府职能和市场机制在市场化、多元化生态补偿进程中的边界，以及有效衔接政府职能和市场机制在这场改革中的作用。

5.4 市场化、多元化补偿配套措施缺乏

2005 年党中央提出"谁开发谁保护、谁受益谁补偿"的生态补偿原则也是生态补偿市场化建设的原则；这样生态补偿交易市场的权利主体、相关产权、生态规划、市场规则都需要配套措施，但产权流转制度不完善，存在主体缺位、边界模糊等问题，未合理体现资源价值，市场交易成本较高；交易平台发展不完善，排污权交易尚未建立全国的交易平台，全国碳排放权交易平台刚刚启动，市场信息不透明、不完善；市场准入、定价机制尚不健全，社会资本参与意愿低；生态保护项目投入资金较大、回报周期较长；还未形成支撑生态补偿市场化的配套措施体系，没有形成支撑生态补偿市场化的配套措施体系，必然影响生态补偿市场化的健康发展。

此外，欠缺配套的监测评估机制也是制约市场化、多元化补偿的重要因素之一。目前国家和地方对生态环境建设相关工作出台的考核评估办法往往是针对某一具体投资项目或者政策实施的某一部分特定目标，并未对某一系统性政策实施的整体效果进行全面的绩效评估，对涉及市场化、多元化补偿的绩效评估也是大多侧重于对生态环境质量或资金使用情况的评价，缺乏对区域生态系统功能整体性和系统性的评价，容易

出现评价结果好转，但整体生态环境恶化趋势没有根本性转变的现象。目前的考核指标尚不能全面真实地反映地方政府为保护区域生态功能所付出的努力。此外，配套监测能力还不足，"三位一体"监测网络尚未形成，缺乏数据监管、风险预警等配套制度，也在一定程度上影响补偿效果监管评估。

5.5 生态价值难以量化影响进程

开展市场化、多元化补偿的关键是合理量化生态服务价值，生态补偿市场化需要明确生态资源的价值，这样才能为推进市场化提供依据。如生态区作为市场主体去银行等金融机构贷款，开展保护性开发，那么生态区在提交材料时应当合理估算生态区的价值、为银行贷款数额提供依据。又如部分生态保护区可以采取入股分红的方式，尤其失地农民可以集体入股。这样就要核算好生态区的价值、生态资源的价值，以便国有资本、社会资金入股后获取相应的股权。目前已有生态环境部环境规划院 2020 年发布的《陆地生态系统生产总值（GDP）核算技术指南（试用）》《经济生态生产总值（GEEP）核算技术指南（试用）》《绿色 GDP（GGDP）核算技术指南（试用）》系列核算技术指南，部分地区已开展 GEP、GEEP 核算，但现阶段生态产品价值评估尚未形成公认、精准的评估框架，需要研究制定生态产品价值核算规范，推进生态产品价值核算标准化。生态服务价值核算方法很多，需要的数据量很大，不同的方法对资料数据的类型和统计方法及精度要求不同，在部分功能领域，还存在资料和数据缺口。此外，涉及多个生态功能核算时，每种生态功能一般都有多种核算方法，每种生态功能价格核算的方法也存在差异，因核算方法、关键参数、核算范围、指标体系等不同，计算出的生态系统价值差距也较大。价值核算体系不到位就会影响生态区以及国有资产的估值，估值若不当容易造成国有资产的流失，也会导致生态资源持有主体以及负责人参与市场经营的积极性和主动性下降，影响生态市场补偿的公平性和公正性。因此，准确计算出生态价值还有一定难度，制约了市场化、多元化补偿的开展。

6

完善我国市场化、多元化补偿的政策建议

市场化、多元化生态补偿机制是在我国社会主要矛盾已经转化为人民日益增长的美好生活需要和不平衡不充分的发展之间的矛盾的背景下，围绕提供更多优质生态产品以满足人民日益增长的优美生态环境需要而提出的。本书认为，进入新时代，我国市场化、多元化生态补偿的发展需从以下几方面进一步提升。

6.1 进一步引导生态受益者对生态保护者的补偿

6.1.1 加大对重点领域和重要区域生态补偿投入力度

不断创新重点领域生态补偿投入机制。按照生态功能贡献与补偿相一致的原则，完善森林、流域、草原等重点领域生态补偿机制。建议各地在国家统一标准的基础上，充分考虑不同地区生态价值和发展机会的差异，建立因地制宜的生态补偿标准。在制定生态补偿一般性原则基础上，以县域为基础实施单位，赋予统筹安排项目和资金的自主权，统筹

116

安排目标相近的项目，提高资金使用效率，通过多种途径推动生态受益者和提供者在成本和收益的分担上趋于合理。探索建立多种形式的交易机制，用市场化的办法引导各类社会主体改变利用自然资源的方式，创新实现资源优化配置的运作模式。

完善重点区域生态补偿机制。加大中央财政的直接补偿力度，大幅增加重点生态功能区等转移支付规模，调整完善分配办法，将生态保护红线面积的因素考虑进来，重点突出生态功能区面积、生态价值、生态修复需求、区域发展差异等指标的直接导向作用。建立与主体功能区战略实施相衔接的生态补偿机制，在国家国土空间规划的基础上，通过"三区三线"科学界定生态产品提供者和受益者的范围。根据自然保护地、生态保护红线等生态功能重要区域的功能定位和不同地域特点、发展现状，制定差别化的补偿标准和产业准入负面清单，将处于重要生态屏障地位且发展滞后的区域作为特殊区域实施重点补偿。健全自然保护地等生态功能重要区域内自然资源资产特许经营权等制度，促进地方发展生态产业，强化自我"造血功能"。

6.1.2 深化自然资源有偿使用制度改革

全面推进自然资源统一确权登记工作，加快完成水流、森林、山岭、草原、荒地、滩涂等全要素的自然资源统一确权登记工作。扩大国有森林资源资产有偿使用制度改革试点范围，严格执行森林资源保护政策，规范国有森林资源有偿使用和流转，探索国有森林资源资产有偿使用的具体审批条件和细化程序。加快推进草原资源清查工作，对已改制国有单位涉及的国有草原和流转到农村集体经济组织以外的国有草原，探索实行草原资源有偿使用。依托现有的不动产登记平台，推动建立统一的自然资源资产交易平台和环境权益交易平台，探索在各省（区、市）建

立统一的自然资源资产交易平台和环境权益交易平台，各省（区、市）对辖区内的相关交易统一标准、统一监管。

6.1.3 不断健全生态资源权益交易机制

排污权交易。以统一的排污权交易平台健全台账管理，现以排污许可证作为排污单位排污权交易的唯一凭证。建立健全排污权二级市场与储备机制，探索建立排污权回购与储备制度及相应储备机构。以重点区域和流域控制单元为基础探索跨区域、跨流域排污权交易，通过排污权交易实现下游地区对上游地区发展权损失的补偿。在减排空间较大、政策实施相对灵活的长三角等区域，探索开展典型污染物的公开交易。因地适宜地开展基于控制子单元和非点源-点源的排污权交易。

水权交易。鼓励探索创新水权交易业务模式，进一步探索地下水取水权交易、雨水交易、合同节水量水权交易、城市公共供水管网范围内用水指标交易、丰水地区水量-水质双指标水权交易等类型。在水权交易市场发育程度较高、具有较强水权交易需求，但目前尚未搭建水权交易平台的地区，鼓励已有的公共资源或产权交易平台增设水权交易业务。探索实施生态功能重要的欠发达地区与发达地区跨区域、跨流域配额交易，开展大型高水耗企业与生态功能重要区域点对点购买试点。

碳排放权交易。依托全国和各试点地区碳市场，进一步丰富碳金融产品，做好碳排放权交易试点市场与全国统一市场的衔接。目前我国开展碳排放权交易试点地区大多仅使用国家核证自愿减排量（CCER）作为可抵消碳配额的减排凭证，建议结合实际情况，充分借鉴广东、北京等地经验，将可抵消的信用类型范围扩大至如节能项目碳减排量、林业碳汇项目碳减排量、经过审定的企业和个人减排量等多元化信用抵消方式，全面促进实施减排行为，进一步激活碳排放权交易市场。

6.2 进一步引导社会投资者对生态保护者的补偿

6.2.1 大力发展生态产业

加快构建生态产业体系。充分利用气候、地理、生态优势，大力推动生态产业化。在特色生态资源丰富的地区，加快形成集发展特色农产品生产、民族特色和乡村特色生态旅游等于一体的生态产业，显化优势特色生态资源。在全面开展农村生态环境和人居环境整治的基础上，深入挖掘农业的文化教育、旅游观光、休闲康养等生态产品价值，因地制宜推进休闲观光农业、创意农业等新型农业业态发展，推动单一的农产品生态功能向农业生态保护、乡村旅游体验等多功能的综合开发利用转变，创新推动以美丽乡村为载体的生态产业发展模式。加强保护地区生态资源优势与受益地区科技、市场优势的有效结合，明确各区域在生态产业建设和生态产品推广上的分工，推动生态产业链的有效延伸。

强化对生态产业的技术扶持。把创新驱动作为推动生态产业化发展的内生动力，强化科技成果对生态产业的指导，围绕产业链部署创新链，围绕创新链部署要素链。加强生态企业与国内外高校、科研院所的合作，积极推动生态产品种类的研发和生态产业科技成果转化。强化生态产业的信息化技术建设，建立"生态产业智慧平台"，发挥大数据对生态产品的电子商务和宣传推介服务作用，有效调度生态产品生产、加工和出口，实现保护地区生态农业、生态工业和生态旅游业的全方位协同发展。强化生态产业的试点经验推广，如浙江省安吉县的竹产业发展模式可以在云南、贵州等地进行推广，解决这些地方在农业生态产业发展中如何突破小产业发展模式的困惑。

119

6.2.2　打造生态产品区域公用品牌

基于国家已有的绿色食品认证、绿色体系认证、绿色产品认证和环境标志产品认证等制度，结合绿色标识实践探索，建立生态产品公共品牌，对区域已有的绿色标识相关品牌进行整合打包，将全区域、全产业、全品类生态产品纳入公共品牌范围，加强品牌培育和保护，提升生态产品溢价。构建具有中国特色的生态产品认证体系，推动生态产品认证国际互认。建立生态产品质量追溯机制，推进区块链等新技术应用，实现生态产品信息可查询、质量可追溯、责任可追查。严格落实生产者对产品质量的主体责任、认证检测机构对检测认证结果的连带责任。建立信用体系和退出机制，对严重失信者建立联合惩戒机制，对违法违规行为的责任主体建立黑名单制度。探索建立"政府+服务商+产业"生态产业链，完善乡村物流配送体系、培训服务体系、生态产品供应链管理体系，形成生态产品公共品牌为引领的全产业链一体化公共服务体系。通过"线上""线下"等多种途径提升生态产品公共品牌的影响力。

6.2.3　深入推进绿色采购

严格执行国家节能、环保产业政府采购清单，优先采购经统一绿色产品认证、绿色能源制造认证的产品。综合考量产品本身绿色化程度、产品产地、生态环境保护状况和经济发展水平等因素，确定优先采购的绿色产品名录。推动建立统一的采购交易机制，规范采购流程、竞价机制和采购标准，建立绿色采购清单发布机制，并搭建绿色采购交易平台，保障绿色采购交易的透明化和公开化。不断加强对政府采购行为的监督和约束，进一步营造公平竞争的市场环境，完善政府采购供应商诚信体系建设。

6.2.4 持续完善绿色利益分享

充分发挥生态保护地区丰富的自然资源优势、劳动力优势，以及受益地区的创新、技术、人才、资本等高端要素优势，探索共建园区、飞地经济等区域合作形式，并从土地利用、税收分享等利益分享的关键问题出发，按照不同区域的不同类型生态系统的功能特征系统谋划功能空间和策略，探索由经济领域向社保、教育、信用、就业等社会领域全面展开的利益分享新模式、新做法，打开"绿水青山"向"金山银山"转化的空间通道，打通生态保护地区与受益地区之间的利益共享链接，不断增强生态功能重要区域居民的获得感。以资源产权与有偿使用制度建设为基础，突出生态资源的持续多层次利用，在区域层面实现生态产业化和产业生态化的错位发展。

121

7

完善市场化、多元化补偿的配套措施

7.1 制定完善有关法律法规

《关于健全生态保护补偿机制的意见》虽然为国家和地方深化生态补偿机制建设探索提供了指南和纲领，但属于规章制度范畴，缺少具有普遍指导意义的法律法规来规范生态补偿的运作。建议尽快出台生态补偿条例，随着条件的成熟，制定生态补偿法，对多元化、市场化的生态补偿机制做出具体规定，包括：严格市场化生态补偿参与方的权利与义务，规定生态补偿市场化的程序，建立市场准入制度与竞争性规则，明确生态保护区等保护主体的市场主体资格，为生态补偿市场交易、股权融资、银行贷款融资、证券市场融资、抵押贷款融资等市场化工具的使用提供支撑，为生态补偿市场化扫清法律障碍。

7.2 完善生态产品价值核算体系

2020年，生态环境部环境规划院和中国科学院生态环境研究中心联合编制了《陆地生态系统生产总值核算技术指南》（以下简称《指南》），并由生态环境部以技术文件的形式下发给各地，指导和规范陆地生态系统生产总值（GEP）核算工作。这为在全国范围内开展 GEP 核算提供了官方标尺，在该核算体系下得出的 GEP 结果可对比、可互认。建议各地探索建立基于 GEP 核算的生态补偿机制，在现有基于成本核算的补偿标准的基础上增加考虑生物多样性维护、水源涵养、空气质量改善等生态产品有关的因素，充分体现"优质优价"。

7.3 加大绿色金融支持力度

　　紧密对接市场化、多元化生态补偿的关键环节和重点领域，在普惠金融的基础上，全面加大绿色金融的支持力度，推动企业和个人依法依规开展水权和林权等使用权抵押、产品订单抵押等绿色信贷业务。在生态资源富集的地区探索依托森林、水资源、湿地、农田、草原等多种类型的"生态银行"，以收储、托管等形式进行资本融资，建议银行机构按照市场化、法治化原则，创新探索基于各类生态资源的金融产品和服务，加大对生态产品经营开发主体中长期贷款的支持力度。推动环境污染责任保险试点，探索建立"保险+服务+监管+信贷"的环境污染责任保险与绿色信贷联动机制。建议以海绵城市建设、绿色工业园区建设、生态旅游项目等有明确收益的生态环境相关整体项目为重点，鼓励有条件的非金融企业和金融机构发行绿色债券。

7.4 明确补偿奖惩制度

　　明确多元主体在生态补偿中的权利和义务，通过绩效评估、信用体系等手段明确奖惩政策，激发生态补偿多元主体的内生动力和外在约束。根据各项工作开展情况和管理效果，开展市场化生态补偿成效评估，对市场化运作的畅通性、生态保护成效、资金流动能力等进行评估，推动政府对市场化手段的合理及时进行调控与监管。

参考文献

[1]   王金南，刘桂环，文一惠，等. 构建中国生态保护补偿制度创新路线图——《关于健全生态保护补偿机制的意见》解读[J]. 环境保护，2016，44（10）：14-18.

[2]   王夏晖，朱媛媛，文一惠，等. 生态产品价值实现的基本模式与创新路径[J]. 环境保护，2020，48（14）：14-17.

[3]   王金南，王夏晖. 推动生态产品价值实现是践行"两山"理念的时代任务与优先行动[J]. 环境保护，2020，48（14）：9-13.

[4]   刘桂环，王夏晖，文一惠，等. 中国生态补偿政策发展报告 2019[M]. 北京：中国环境出版集团，2021.

[5]   宋蕾. 矿产开发生态补偿理论与计征模式研究[D]. 北京：中国地质大学（北京），2009.

[6]   吴强. 矿产资源开发环境代价及实证研究[D]. 北京：中国地质大学（北京），2008.

[7]   梁留科. 德国煤矿区景观生态重建/土地复垦及对中国的启示[J]. 地理，2003（3）：23-26.

[8]   彭朝霞. 排污权交易制度的国际经验及对中国的启示[J]. 现代经济信息，2011（17）：261-262.

[9]   蒙少东. 美国的酸雨计划及效果对我国环保管理的启迪[J]. 华侨大学学报（哲学社会科学版），1999（S1）：49-52.

[10]   邹一雄. 美国水质交易对河湖排污管理的启示[C]. //湖北省水利学会，武汉水利学会. 河湖水生态水环境专题论坛论文集. 武汉：湖北省水利学会，2011：8.

[11]   朱婧. 美国水污染防治制度中的启示[J]. 人民司法（应用），2017（25）：105-111.

[12]   周荣伍，曾以禹，吴柏海. 国际林业碳汇交易市场分析及启示[J]. 林业经济，2013（8）：

16-23.

[13] Minstry of Agriculture and Forestry. Guide to preparing and submitting an emissions return [EB/OL]. （2011-12-20）[2020-08-30]. http://www.eur.govt.nz/how-to/guides-hmtl/ emissionsreporting- guides- eip-and-lff-sectors.

[14] 洪鸳肖. 欧盟碳交易机制研究[J]. 现代商贸工业，2018，39（22）：41-42.

[15] 彭峰，邵诗洋. 欧盟碳排放权交易制度：最新动向及对中国之镜鉴[J]. 中国地质大学 学报（社会科学版），2012（5）：41-47.

[16] 嵇欣. 国外碳排放权交易体系的价格控制及其借鉴[J]. 社会科学，2013（12）：48-54.

[17] Chevallier J. The impact of Australian ETS news on wholesale spot electricity prices：An exploratory analysis[J]. Energy Policy，2010，38（8）：3910-3921.

[18] 陈晖. 澳大利亚碳税立法及影响[J]. 电力与能源，2012，33（1）：6-9.

[19] Vn Oosterzee P，Dale A，Preece N D. Integrating agriculture and climate change mitigation at landscape scale：implications from an Australian case study[J]. Global Environmental Change，2014，29：306-317.

[20] Skoufa L，Tamaschke R. Carbon prices，institutions，technology and electricity generation firms in two Australian states[J]. Energy Policy，2011，39（5）：2606-2614.

[21] Hunt C. Economy and ecology of emerging markets and credits for bio-sequestered carbon on private land in tropical Australia[J]. Ecological Economics，2008，66（2/3）：309 -318.

[22] US，Department of the Interior Bureau of Reclamation. Law of the river[EB /OL]. （2015-07-30）[2020-08-30]. http://www. usbr. gov /lc /region /pao /lawofrvr. html.

[23] Ian Campbell，Barry Hart and Chris Barlow. Integrated management in large river basins： 12 lessons from the Mekong and Murray-Darling rivers[J]. River Systems，2013，20（3-4）： 231-247.

[24] 陈丽晖，何大明，丁丽勋. 整体流域开发和管理模式——以墨累-达令河为例[J]. 云南 地理环境研究，2000，12（2）：66-73.

[25] 漆亮亮. 美国的生态税收政策及其启示[J]. 西部财会, 2004 (8): 58-59.

[26] Patrick Ten Brink. 国家及国际决策中的生态系统和生物多样性经济学[M]. 胡理乐, 翟生强, 李俊生, 译. 北京: 中国环境出版社, 2015.

[27] IIED, UNEPWCMC, AWF, et al. Linking biodiversity conservation and poverty alleviation: A state of knowledge review[J]. Cbd Technical, 2010.

[28] 刘静暖, 任富恒. 美日等国发展循环经济的经验及启示[J]. 日本问题研究, 2007 (1): 20.

[29] 吴雨健. 日本那些值得借鉴的绿色政府采购经验[N]. 中国政府采购报, 2020-10-27 (3).

[30] 程永明. 日本的绿色采购及其对中国的启示[J]. 日本问题研究, 2013, 27 (2): 45-50.

[31] 政府采购信息网. 国外绿色采购[A/OL]. [2020-08-31]. http://www.caigou2003.com/special/lvsegw/.

[32] 杨荣. 欧盟发布绿色采购指南手册[J]. 中国标准化, 2005 (3): 21.

[33] 张越, 陈晨曦. 欧盟生态标签制度对中国的政策启示[J]. 国际贸易, 2017 (8): 45-48.

[34] 徐焕东, 李玥. 德国政府绿色采购及其启示[J]. 中国政府采购, 2006 (12): 11-13.

[35] Ihxln. 加拿大全民行动推进"绿色采购"[N]. 政府采购信息报, 2014-05-05 (32).

[36] 杨蔚林. 绿色采购从制定需求开始[N]. 政府采购信息报, 2011-04-20 (4).

[37] 黄斌斌. 我国绿色信贷制度研究[D]. 桂林: 广西师范大学, 2018.

[38] 何虹. 美、德、英财政支持绿色金融的经验与借鉴[J]. 华北金融, 2017 (3).

[39] 任世赢. 国际绿色金融发展经验和启示[J]. 市场研究, 2018 (5): 14-15.

[40] 张诚谦. 论可更新资源的有偿利用[J]. 农业现代化研究, 1987, 8 (5): 22-24.

[41] 环境科学大辞典编委会. 环境科学大辞典[M]. 北京: 中国环境科学出版社, 1991.

[42] 陆新元, 汪冬青, 凌云, 等. 关于我国生态环境补偿收费政策的构想[J]. 环境科学研究, 1994, 7 (1): 61-63.

[43] 魏国印. 征收生态环境补偿费的现状及依据[J]. 中国环境管理干部学院学报, 1999

（1）：16-19.

[44] Wunder S. Payments for environmental services：Some nuts and bolts[J]. Cifor Occasional Paper，2005，42.

[45] Wunder S. Revisiting the concept of payments for environmental services[J]. Ecological Economics，2015，117：234 -243.

[46] Muradian R，Corbera E，Pascual U，et al. Reconciling theory and practice：An alternative conceptual framework for understanding payments for environmental services[J]. Ecological Economics，2010，69（6）：1202-1208.

[47] Tacconi L. Redefining payments for environmental services[J]. Ecological Economics，2012，73（1727）：29-36.

[48] 梁坚，龙志和. 经济市场化的本质：基于交易费用理论的一个全新视角[J]. 南方经济，2004（9）：22-25.

[49] 刘桂环，文一惠. 新时代中国生态环境补偿政策：改革与创新[J]. 环境保护，2018，46（24）：15-19.

[50] 刘树杰. 我国经济市场化程度判断的方法与结论[J]. 中国物价，1997（9）：7.

[51] 国家计委市场与价格研究所课题组. 我国经济市场化程度的判断[J]. 宏观经济管理，1996（2）.

[52] 陈宗胜，吴浙，谢思泉，等. 中国经济体制市场化进程研究[M]. 上海：上海人民出版社，1999.

[53] 樊纲，王小鲁. 中国市场化指数——各地区市场化相对进程报告（2000）[M]. 北京：经济科学出版社，2001.

[54] 樊纲，王小鲁. 中国市场化指数——各地区市场化相对进程报告（2001）[M]. 北京：经济科学出版社，2003.

[55] 洪银兴，刘志标. 长江三角洲地区经济发展的模式和机制[M]. 北京：清华大学出版社，2003.

[56] 吴长春，张雅静. 中国公共服务市场化存在的问题及对策[J]. 大连海事大学学报（社会科学版），2008，7（6）：88-91.

[57] 戴维·奥斯本，特德·盖布勒. 改革政府-企业精神如何改革着公营部门[M]. 上海：上海译文出版社，1996.

[58] 王金南. 流域生态补偿与污染赔偿机制研究[M]. 北京：中国环境出版社，2014.

[59] 刘桂环，朱媛媛，文一惠，等. 关于市场化、多元化生态补偿的实践基础与推进建议[J]. 环境与可持续发展，2019，44（4）：30-34.

[60] 黄寰. 论生态补偿多元化社会融资体系的构建[J]. 现代经济探讨，2013（9）：58-62.

[61] 刘桂环，王夏晖，田仁生. 生态环境补偿：方法与实践[M]. 北京：中国环境出版社，2017.

[62] 科斯·R. H. 社会成本问题[M] //财产权利与制度变迁. 上海：上海三联书店，1991.

[63] 石英华. 探索多元化生态补偿融资机制[N]. 安徽日报，2018-07-31（6）.

[64] 乔剑森. 基于区域协调及可持续发展下的生态补偿机制初探[D]. 张家口：河北建筑工程学院，2018.

[65] 陈燕玉. 新时代生态补偿机制市场化路径与对策[J]. 长沙理工大学学报（社会科学版），2018，33（3）：110-115.

[66] 邹学荣，江金英. 建立市场化生态补偿机制的现实路径探析[J]. 乐山师范学院学报，2018，33（4）：69-74.

附　录

2020 年生态补偿政策汇总

支持引导黄河全流域建立横向生态补偿机制试点实施方案

（财资环〔2020〕20 号）

为深入贯彻党的十九大和十九届二中、三中、四中全会以及习近平总书记在黄河流域生态保护和高质量发展座谈会及中央财经委员会第六次会议上的重要讲话精神，探索建立黄河全流域生态补偿机制，加快构建上中下游齐治、干支流共治、左右岸同治的格局，推动黄河流域各省（区）共抓黄河大保护，协同推进大治理，根据《生态文明体制改革总体方案》《关于健全生态保护补偿机制的意见》等要求，结合黄河流域实际，财政部、生态环境部、水利部、国家林草局（以下简称四部门）制定本试点方案。

一、总体要求

（一）指导思想。

坚持以习近平生态文明思想为指导，认真贯彻落实党中央、国务院关于健全生态补偿机制的决策部署，牢固树立绿水青山就是金山银山理念，以持续改善流域生态环境质量和推进水资源节约集约利用为核心，立足黄河流域各地生态保护治理任务不同特点，遵循"保护责任共担、流域环境共治、生态效益共享"的原则，探索建立具有示范意义的全流域横向生态补偿模式，强化联防联控、流域共治和保护协作，搭建起"全面覆盖、权责对等、共建共享"的合作平台，加快实现高水平保护，推动流域高质量发展，保障黄河长治久安。

（二）基本原则。

1. 生态优先、绿色发展。

坚持绿水青山就是金山银山，将生态优先、绿色发展的理念融入黄河流域生态保护和高质量发展的各方面、全过程。以开展生态补偿机制建设为重要抓手，支持实施黄河流域生态保护修复，逐步形成保护环境、节约资源的生产生活方式，努力实现保护与发展共赢，使绿水青山产生巨大的生态、经济和社会效益。

2. 全域推进、协同治理。

建立横向生态补偿机制应统筹上中下游，整体设计、全面推进。系统考虑黄河流域特点和生态环境保护要求，建立全面覆盖全流域、统一规范的生态补偿机制，突出流域保护的整体性、系统性、协同性，统筹推进、尽快形成黄河流域生态保护修复治理齐抓共管的格局。

3. 平台支撑、资源共享。

发挥好中央主管部门业务优势，建立生态补偿机制建设工作管理平台，推动各部门、地方之间联防联控和资源共享，统筹黄河流域上中下游信息数据，及时调度、发布权威监测数据，强化对地方的督促指导和统筹协调，对生态补偿机制建设适时开展评估。建立重大问题协商沟通机制，顺畅信息沟通渠道，建立健全跨界污染事故、水事纠纷等问题的解决机制。

4．结果导向、讲求实效。

坚持以水生态环境和资源质量只能更好不能更差、用水总量不超限为目标导向，对流域生态环境治理、保护和修复进行考核，全面客观反映沿黄各省（区）相关工作成效，并根据考核结果分配资金，突出对水资源贡献、水质改善、节约用水等成效突出地区资金倾斜。省际间横向生态补偿应紧紧围绕目标，合理安排资金，充分体现对提供良好生态产品的利益补偿。

（三）工作目标。

通过逐步建立黄河流域生态补偿机制，实现黄河流域生态环境治理体系和治理能力进一步完善和提升，河湖、湿地生态功能逐步恢复，水源涵养、水土保持等生态功能增强，生物多样性稳步增加，水资源得到有效保护和节约集约利用，干流和主要支流水质稳中向好，全流域生态环境保护取得明显成效，建立健全生态产品价值实现机制，增强自我造血功能和自身发展能力，使绿水青山真正变为金山银山，让黄河成为造福人民的"幸福河"。

二、实施范围和期限

（一）实施范围。

黄河全流域横向生态补偿机制实施范围为沿黄九省（区），具体包括山西省、内蒙古自治区、山东省、河南省、四川省、陕西省、甘肃省、

青海省、宁夏回族自治区。

（二）实施期限。

2020—2022 年开展试点，探索建立流域生态补偿标准核算体系，完善目标考核体系、改进补偿资金分配办法，规范补偿资金使用。

三、主要措施

试点期间，中央财政专门安排黄河全流域横向生态补偿激励政策，紧紧围绕促进黄河流域生态环境质量持续改善和推进水资源节约集约利用两个核心，支持引导各地区加快建立横向生态补偿机制，奖励资金将对水质改善突出、良好生态产品贡献大、节水效率高、资金使用绩效好、补偿机制建设全面系统和进展快的省（区）给予资金激励，体现生态产品价值导向。

（一）建立黄河流域生态补偿机制管理平台。

四部门会同有关部门和地方建立黄河流域生态补偿机制工作平台，充分利用现有成果，统筹整合相关数据，服务于机制建设，与有关部门和地方的其他信息系统充分衔接，汇总集成黄河流域森林、草原、湿地、湖泊、生态流量、水土流失治理、生态环境质量、污染排放，以及经济社会发展等情况。探索开展生态产品价值核算计量，逐步推进综合生态补偿标准化、实用化，为市场化、多元化生态补偿机制建设提供有力支撑。适时更新发布沿黄九省（区）相关工作进展情况，推动各部门、各地方生态环境大数据共建共享，确保相关数据准确客观全面，维护权威性和公信力。

沿黄各省（区）应充分发挥平台的作用，对建立起横向生态补偿机制并经上下游协商一致的，可在平台中不断扩展加载模块，充分发挥管理平台对机制建设的服务功能，督促工作开展、实时发布数据、强化沟通协商、跟踪补偿资金使用等。充分利用平台数据综合集成、全面系统的优势，探索开展生态产品价值计量，推动横向生态补偿逐步由单一生态要素向多生态要素转变，丰富生态补偿方式，加快探索绿水青山就是金山银山的多种现实转化路径。

（二）中央财政安排引导资金。

中央财政每年从水污染防治资金中安排一部分资金，支持引导沿黄九省（区）探索建立横向生态补偿机制。资金纳入中央生态环保资金项目储备库管理，采用因素法分配，分配测算的因素主要考虑各省（区）在黄河流域生态环境保护和高质量发展方面所做的工作、努力程度以及取得的成效。主要因素及权重分别为：水源涵养指标30%、水资源贡献指标25%、水质改善指标25%、用水效率指标20%。资金安排向上中游倾斜，可按照各地机制建设进度、预算执行情况、绩效评价结果等设定调节系数。根据试点工作进展情况，将适时对分配资金相关因素指标和权重进行调整完善，以更好推进流域生态补偿机制运行。

（三）鼓励地方加快建立多元化横向生态补偿机制。

根据《生态文明制度改革总体方案》，跨省流域横向生态补偿机制建设以地方补偿为主，各地要积极主动开展合作，强化沟通协调，尽快就各方权责、跨省界水质水量考核目标、补偿措施、保障机制等达成一致意见，推动邻近省（区）加快建立起流域横向生态补偿机制，同时鼓励各地在此基础上积极探索开展综合生态价值核算计量等多元化生态补偿机制创新探索，鼓励开展排污权、水权、碳排放权交易等市场化补偿方式，逐步以点带面，形成完善的生态补偿政策体系。试点初期，中央财政按照"早建早补、早建多补、多建多补"的原则，对开展生态补偿机制建设成效突出的省（区）安排奖励，鼓励地方早建机制、多建机制，进一步引导地方积极参与、支持黄河流域生态环境保护和高质量发展，推动黄河流域横向生态补偿机制建设水平迈上新台阶。对推进机制建设不力的省（区），从试点第二、三年逐步扣减补偿资金并用于奖励先进地区，强化约束作用，体现奖罚分明的原则。

四、组织保障

（一）明确部门职责分工。

四部门负责推进生态补偿机制建设，根据各自职责分工，强化对地方试点工作业务指导，深入推进各项重点任务，适时对生态补偿机制进行评估，对相关补偿措施进行完善。财政部负责统筹协调方案的实施，负责引导资金安排，以及资金使用监管，会同有关部门组织实施全面预算绩效管理。生态环境部、水利部、国家林草局按照各自职责分工，指导地方开展流域生态环境保护修复、水土保持、水资源管理、造林绿化、碳汇项目开发及交易等工作。生态环境部负责及时提供各省（区）水质、减排目标任务完成情况等考核数据，以及建立和运行横向生态补偿机制工作管理平台等具体工作。水利部负责及时提供各省（区）水资源量、耗水量、节水效率、水土保持等考核数据。国家林草局负责及时提供森林、湿地、草原面积等情况。

（二）严格落实地方主体责任。

沿黄各省（区）要履行好黄河流域生态保护和高质量发展的主体责任，加强规划和推进实施，明确责任分工。各省要加强沟通协调，积极开展省际间协商谈判，推动补偿机制尽早落地，不断向多元化、市场化拓展，并按照协议规定的生态补偿范围、标准和政策及时足额落实补偿资金。积极推动补偿机制建设向流域所在的市县延伸。针对本地区实际，围绕突出生态环境问题，研究制定保护治理措施，上游要实施重要生态系统保护修复，提升涵养能力；中游要抓好水土保持和污染治理，对污染严重支流加大治理力度；下游重点抓好黄河三角洲湿地系统保护，促进河流生态系统健康发展，提高生物多样性。

（三）强化绩效管理。

四部门与沿黄九省（区）签订部省协议，明确各部门和地方在共同推进黄河全流域横向生态补偿机制中的权利责任，合理确定工作目标、补偿资金筹集和分配使用措施。紧紧围绕流域生态环境保护和质量改善，水资源节约集约利用，加强补偿资金全过程绩效管理，定期组织开展对沿黄各省（区）的绩效评价，强化绩效结果应用，明确奖惩政策，对达到工作目标的全额拨付补偿资金，对部分达到目标的根据水质水量折算享受补偿资金，对未达到目标的扣减资金并用于奖励生态环境保护和质量改善好的地区。财政部、生态环境部、水利部、国家林草局按照职责分工，强化各项考核评价措施，确保机制建设成效。推动补偿资金绩效结果公开，提高补偿资金使用透明度。

（四）扎实推进协同治理。

四部门联合建立稳定的工作联系机制，推动资金预算执行、水质监测、水资源监测等信息共享，加强对地方工作的指导，建立相互通报机制，共同研究解决生态补偿机制推进中遇到的重大问题。围绕流域保护治理的系统性、整体性、协同性，发挥管理平台的作用，上中下游省（区）要建立地区间有效沟通协商机制，开展重大工程项目环评共商、环境污染应急联防，协力推进流域保护与治理。联合开展跨界断面水质监测，确保监测数据权威准确。建立流域管理机构、省（区）、市间跨区域管理协调机制，完善河湖长机制，加强流域内生态环境保护修复联合防治、联合执法。

关于推进生态环境损害赔偿制度改革
若干具体问题的意见

（环法规〔2020〕44 号）

为推动生态环境损害赔偿制度改革工作深入开展，根据中共中央办公厅、国务院办公厅印发的《生态环境损害赔偿制度改革方案》（以下简称《改革方案》）的相关规定，在总结地方实践经验基础上，提出以下意见。

一、关于具体负责工作的部门或机构

《改革方案》中明确的赔偿权利人可以根据相关部门职能指定生态环境、自然资源、住房城乡建设、水利、农业农村、林业和草原等相关部门或机构（以下简称指定的部门或机构）负责生态环境损害赔偿的具体工作。

生态环境损害赔偿案件涉及多个部门或机构的，可以指定由生态环境损害赔偿制度改革工作牵头部门（以下简称牵头部门）负责具体工作。

二、关于案件线索

赔偿权利人及其指定的部门或机构，根据本地区实施方案规定的职责分工，可以重点通过以下渠道发现案件线索：

（一）中央和省级生态环境保护督察发现需要开展生态环境损害赔偿工作的；

（二）突发生态环境事件；

（三）发生生态环境损害的资源与环境行政处罚案件；

（四）涉嫌构成破坏环境资源保护犯罪的案件；

（五）在国土空间规划中确定的重点生态功能区、禁止开发区发生的环境污染、生态破坏事件；

（六）各项资源与环境专项行动、执法巡查发现的案件线索；

（七）信访投诉、举报和媒体曝光涉及的案件线索。

赔偿权利人及其指定的部门或机构应当定期组织筛查生态环境损害赔偿案件线索，形成案例数据库，并建立案件办理台账，实行跟踪管理，积极推进生态环境损害索赔工作。

三、关于索赔的启动

赔偿权利人指定的部门或机构，对拟提起索赔的案件线索及时开展调查。

经过调查发现符合索赔启动情形的，报本部门或机构负责人同意后，开展索赔。索赔工作情况应当向赔偿权利人报告。对未及时启动索赔的，赔偿权利人应当要求具体开展索赔工作的部门或机构及时启动索赔。

四、关于生态环境损害调查

调查可以通过收集现有资料、现场踏勘、座谈走访等方式，围绕生态环境损害是否存在、受损范围、受损程度、是否有相对明确的赔偿义务人等问题开展。

调查应当及时，期限设定应当合理。在调查过程中，需要开展生态环境损害鉴定评估的，鉴定评估时间不计入调查期限。

负有相关环境资源保护监督管理职责的部门或者其委托的机构在

行政执法过程中形成的勘验笔录或询问笔录、调查报告、行政处理决定、检测或监测报告、鉴定评估报告、生效法律文书等资料可以作为索赔的证明材料。

调查结束,应当形成调查结论,提出启动索赔或者终止案件的意见。

生态环境损害赔偿案件涉及多个部门或机构的,可以由牵头部门组建联合调查组,开展生态环境损害调查。

五、关于鉴定评估

为查清生态环境损害事实,赔偿权利人及其指定的部门或机构可以根据相关规定委托符合条件的机构出具鉴定评估报告,也可以和赔偿义务人协商共同委托上述机构出具鉴定评估报告。鉴定评估报告应明确生态环境损害是否可以修复;对于可以部分修复的,应明确可以修复的区域范围和要求。

对损害事实简单、责任认定无争议、损害较小的案件,可以采用委托专家评估的方式,出具专家意见。也可以根据与案件相关的法律文书、监测报告等资料综合做出认定。

专家可以从国家和地方成立的相关领域专家库或专家委员会中选取。鉴定机构和专家应当对其出具的报告和意见负责。

六、关于赔偿磋商

需要启动生态环境修复或损害赔偿的,赔偿权利人指定的部门或机构根据生态环境损害鉴定评估报告或参考专家意见,按照"谁损害、谁承担修复责任"的原则,就修复启动时间和期限、赔偿的责任承担方式和期限等具体问题与赔偿义务人进行磋商。案情比较复杂的,在首次磋商前,可以组织沟通交流。

138

磋商期限原则上不超过 90 日，自赔偿权利人及其指定的部门或机构向义务人送达生态环境损害赔偿磋商书面通知之日起算。磋商会议原则上不超过 3 次。

磋商达成一致的，签署协议；磋商不成的，及时提起诉讼。有以下情形的，可以视为磋商不成：

（一）赔偿义务人明确表示拒绝磋商或未在磋商函件规定时间内提交答复意见的；

（二）赔偿义务人无故不参与磋商会议或退出磋商会议的；

（三）已召开磋商会议 3 次，赔偿权利人及其指定的部门或机构认为磋商难以达成一致的；

（四）超过磋商期限，仍未达成赔偿协议的；

（五）赔偿权利人及其指定的部门或机构认为磋商不成的其他情形。

七、关于司法确认

经磋商达成赔偿协议的，赔偿权利人及其指定的部门或机构与赔偿义务人可以向人民法院申请司法确认。

申请司法确认时，应当提交司法确认申请书、赔偿协议、鉴定评估报告或专家意见等材料。

八、关于鼓励赔偿义务人积极担责

对积极参与生态环境损害赔偿磋商，并及时履行赔偿协议、开展生态环境修复的赔偿义务人，赔偿权利人指定的部门或机构可将其履行赔偿责任的情况提供给相关行政机关，在做出行政处罚裁量时予以考虑，或提交司法机关，供其在案件审理时参考。

九、关于与公益诉讼的衔接

赔偿权利人指定的部门或机构，在启动生态环境损害赔偿调查后可以同时告知相关人民法院和检察机关。

检察机关可以对生态环境损害赔偿磋商和诉讼提供法律支持，生态环境、自然资源、住房城乡建设、农业农村、水利、林业和草原等部门可以对检察机关提起环境民事公益诉讼提供证据材料和技术方面的支持。

人民法院受理环境民事公益诉讼案件后，应当在 10 日内告知对被告行为负有环境资源监督管理职责的部门，有关部门接到告知后，应当及时与人民法院沟通对接相关工作。

十、关于生态环境修复

对生态环境损害可以修复的案件，要体现环境资源生态功能价值，促使赔偿义务人对受损的生态环境进行修复。磋商一致的，赔偿义务人可以自行修复或委托具备修复能力的社会第三方机构修复受损生态环境，赔偿权利人及其指定的部门或机构做好监督等工作；磋商不成的，赔偿权利人及其指定的部门或机构应当及时提起诉讼，要求赔偿义务人承担修复责任。

对生态环境损害无法修复的案件，赔偿义务人缴纳赔偿金后，可由赔偿权利人及其指定的部门或机构根据国家和本地区相关规定，统筹组织开展生态环境替代修复。

磋商未达成一致前，赔偿义务人主动要求开展生态环境修复的，在双方当事人书面确认损害事实后，赔偿权利人及其指定的部门或机构可以同意，并做好过程监管。

赔偿义务人不履行或不完全履行生效的诉讼案件裁判、经司法确认的赔偿协议的，赔偿权利人及其指定的部门或机构可以向人民法院申请强制执行。对于赔偿义务人不履行或不完全履行义务的情况，应当纳入社会信用体系，在一定期限内实施市场和行业禁入、限制等措施。

十一、关于资金管理

对生态环境损害可以修复的案件，赔偿义务人或受委托开展生态环境修复的第三方机构，要加强修复资金的管理，根据赔偿协议或判决要求，开展生态环境损害的修复。

对生态环境损害无法修复的案件，赔偿资金作为政府非税收入纳入一般公共预算管理，缴入同级国库。赔偿资金的管理，按照财政部联合相关部门印发的《生态环境损害赔偿资金管理办法（试行）》的规定执行。

十二、关于修复效果评估

赔偿权利人及其指定的部门或机构在收到赔偿义务人、第三方机构关于生态环境损害修复完成的通报后，组织对受损生态环境修复的效果进行评估，确保生态环境得到及时有效修复。

修复效果未达到修复方案确定的修复目标的，赔偿义务人应当根据赔偿协议或法院判决要求继续开展修复。

修复效果评估相关的工作内容可以在赔偿协议中予以规定，费用根据规定由赔偿义务人承担。

十三、关于公众参与

赔偿权利人及其指定的部门或机构可以积极创新公众参与方式，可

以邀请专家和利益相关的公民、法人、其他组织参加生态环境修复或者赔偿磋商工作，接受公众监督。

十四、关于落实改革责任

按照《改革方案》要求，各省（区、市）、市（地、州、盟）党委和政府应当加强对生态环境损害赔偿制度改革的统一领导，根据该地区实施方案明确的改革任务和时限要求，鼓励履职担当，确保各项改革措施落到实处。

各地生态环境损害赔偿制度改革工作领导小组，要主动作为，强化统筹调度，整体推进本地区改革进一步深入开展；要建立部门间信息共享、案件通报和定期会商机制，定期交流生态环境损害赔偿工作进展、存在的困难和问题。要对专门负责生态环境损害赔偿的工作人员定期组织培训，提高业务能力。相关部门或机构，要按照本地区实施方案确定的职责分工和时限要求，密切配合，形成合力，扎实推进，要对内设部门的职责分工、案件线索通报、索赔工作程序、工作衔接等做出规定，保障改革落地见效。

十五、关于人员和经费保障

赔偿权利人指定的部门或机构应当根据实际情况确定专门的生态环境损害赔偿工作人员。

按照《改革方案》要求，同级财政积极落实改革工作所需的经费。

十六、关于信息共享

赔偿权利人指定的部门或机构和司法机关，要加强沟通联系，鼓励建立信息共享和线索移送机制。

十七、关于奖惩规定

对在生态环境损害赔偿工作中有显著成绩的单位或个人，各级赔偿权利人及其指定的部门或机构给予奖励。

赔偿权利人及其指定的部门或机构的负责人、工作人员在生态环境损害赔偿工作中存在滥用职权、玩忽职守、徇私舞弊的，依纪依法追究责任；涉嫌犯罪的，移送监察机关、司法机关。

十八、关于加强业务指导

最高人民法院、最高人民检察院、司法部、财政部、自然资源部、生态环境部、住房城乡建设部、水利部、农业农村部、卫生健康委、林草局将根据《改革方案》规定，在各自职责范围内加强对生态环境损害赔偿工作的业务指导。

省级政府指定的部门或机构要根据本地区实施方案的分工安排，加强对市地级政府指定的部门或机构的工作指导。

河北省海洋生态补偿管理办法

第一章 总 则

第一条 为保护和改善海洋生态环境，规范我省海洋生态补偿工作，推进沿海经济带高质量发展，依据《中华人民共和国环境保护法》《中华人民共和国海洋环境保护法》《防治海洋工程建设项目污染损害海洋环境管理条例》《防治海岸工程建设项目污染损害海洋环境管理条例》《河北省海洋环境保护管理规定》等法律、法规、规章，结合本省实际，制定本办法。

第二条 在河北省管辖海域内，海洋生态补偿管理工作适用本办法。

第三条 海洋生态补偿包括海洋生态保护补偿和海洋生态损害补偿。

海洋生态保护补偿，是指各级政府在履行海洋生态保护责任中，结合经济社会发展实际需要，依据所辖区域的海洋生态环境保护情况，对海洋生态系统、海洋生物资源等进行保护或修复的补偿性投入。

海洋生态损害补偿，是指从事海域开发利用活动的单位或个人，履行海洋生态损害补偿责任，对其造成的海洋生态损害进行补偿。海洋生态损害补偿实行"谁开发、谁保护，谁破坏、谁补偿"原则。

第四条 生态环境、自然资源、渔业行政主管部门负责海洋生态补偿管理工作。

第五条 海洋生态补偿活动包括：

（一）海洋自然保护区、海洋特别保护区、重点海洋生态功能区、水产种质资源保护区及其他重要生态敏感区的保护和修复；

（二）海洋污染治理；

（三）海岸带生境修复、退养还滩、退养还湿等；

（四）渔业资源增殖放流；

（五）国家重点保护海洋物种和珍稀濒危海洋物种的保护；

（六）支持海洋生态环境质量改善显著地区的其他海洋生态保护、修复和治理活动等；

（七）开展海洋生态环境监管、监测能力建设。

因以上活动开展必要的科学研究、方案编制、观测、监测、评估、后评价、宣传教育等活动费用可纳入海洋生态补偿资金。

第六条　鼓励、支持有关企业、事业单位或者其他组织和个人，开展海洋生态环境保护科学技术的研究、开发和海洋生态环境保护公益性活动，投资海洋生态环境的保护、恢复和治理工作，改善海洋生态环境质量。

第二章　海洋生态保护补偿管理

第七条　各级政府应保障海洋生态保护和修复的补偿性投入，补偿范围为本办法规定的海洋生态补偿活动。

第八条　海洋生态保护补偿活动应符合海洋环境保护等相关规划，实行项目管理。

第三章　海洋生态损害补偿管理

第九条　沿海市、县级人民政府可统筹考虑区域内海洋和海岸工程建设项目的生态损害补偿，统一组织编制区域生态损害补偿实施方案；未编制区域生态补偿实施方案或未列入区域生态补偿实施方案内的海洋和海岸工程建设项目，建设单位应单独编制并实施生态损害补偿实施方案。

第十条　海洋生态损害补偿应当以生态功能补偿和渔业资源补偿的形式落实。渔业资源补偿方案及补偿金额需征得渔业主管部门同意，经专家论证通过后纳入环评文件的环保措施，确定的补偿金额以批复的环境影响评价文件为依据。建设单位按照生态损害补偿实施方案在建设项目验收前完成生态损害补偿工作，并将海洋生态补偿措施落实情况纳入验收调查报告。

在海洋和海岸工程建设项目环境影响评价文件中生态功能补偿按照《海洋生态资本评估技术导则》（GB/T 28058—2011）进行核算；海洋渔业资源现状调查和补偿金额核算按照《建设项目对海洋生物资源影响评价技术规程》（SC/T 9110—2007）要求，海洋生物资源生物量的取值不得低于《涉海建设项目对海洋生物资源损害评估技术规范》（DB 13/T 2999—2019）中提出的海洋生物资源平均生物量。

第十一条　取排水等持续性造成海洋生态损害的项目，可逐年落实或按照使用年限一次性落实海洋生态损害补偿。填海造地、构筑物等其他建设项目应在工程竣工环保验收前，一次性落实海洋生态损害补偿。

第十二条　对列入围填海历史遗留问题处理方案中的项目应按已通过专家评审的生态保护修复方案进行修复。

新建海洋和海岸工程项目，建设单位负责实施生态功能补偿和渔业资源补偿。

第四章　监督管理

第十三条　未在规定时间内落实海洋生态损害补偿的建设单位，海洋环境主管部门有权责令其限期整改落实，整改落实不到位的，按照《中华人民共和国海洋环境保护法》和《海洋工程环境保护设施管理办法》等相关规定处理。

第十四条　生态环境、自然资源、渔业行政主管部门依法对海洋生态补偿落实情况进行监督检查。

自然资源和渔业行政主管部门根据海洋和海岸工程建设项目环境影响评价文件，按照各部门职责分别监督所辖区域内生态功能补偿和渔业资源补偿措施落实到位。

第五章　附　则

第十五条　本办法自发布之日起实施，有效期为五年。之前尚未实施海洋生态补偿的项目，依照本办法执行。

第十六条　本办法由省生态环境厅、自然资源厅、农业农村厅负责解释。

海南省流域上下游横向生态保护补偿实施方案

（琼府办函〔2020〕383 号）

为贯彻落实《国务院办公厅关于健全生态保护补偿机制的意见》（国办发〔2016〕31 号）和财政部、环境保护部、发展改革委、水利部《关于加快建立流域上下游横向生态保护补偿机制的指导意见》（财建〔2016〕928 号）的要求，加快建立健全全省流域上下游横向生态保护补偿机制，省财政厅、省生态环境厅、省水务厅在充分调研的基础上，结合本省实际，制定本方案。

一、指导思想

以习近平生态文明思想为指导，深入贯彻落实习近平总书记关于生态环境保护的重要讲话和指示批示精神，按照党中央、国务院和省委、省政府关于生态环境保护和治理的决策部署，积极践行"绿水青山就是金山银山"和"创新、协调、绿色、开放、共享"的发展理念，建立健全流域生态环境保护补偿制度，创新补偿机制，充分调动流域上下游地区生态环境保护的积极性，走出一条生态优先、绿色发展的新路子，加快形成"资源共享、成本共担、联防共治、互利共赢"的流域生态保护和治理长效机制，加快推进国家生态文明试验区和生态环境世界一流的自贸港建设，确保海南生态环境只能更好、不能变差。

二、实施原则

（一）资源共享、权责对等。按照"谁获益，谁补偿""谁污染，谁赔偿""谁污染，谁治理"的原则，明确流域上游市县承担保护生态环境的责任，同时享有水质改善、水量保障带来利益的权利。流域下游市县对上游市县为改善生态环境付出的努力做出补偿，同时享有水质恶化、上游过度用水的受偿权利。

（二）协同保护、联防联治。流域上下游市县应当建立联席会议制度，按照流域水资源统一管理的要求，协商推进流域保护与治理，联合查处跨界违法行为，建立重大工程项目环评共商、环境污染应急联防机制。流域上游市县应有效开展农村环境综合整治、水源涵养建设和水土流失防治，加强工业、农业面源污染防治，实施河道清淤疏浚等工程措施。流域下游市县也应当积极推动本行政区域内的生态环境保护和治理，并对流域上游市县开展流域保护治理、补偿资金使用等情况进行监督，推动建立协同保护、联防联治的长效机制。

（三）多元合作、互利共赢。按照"环境共治、产业共谋"的总体要求，鼓励流域上下游市县之间积极探索多元化补偿模式。流域上下游市县除采取资金补偿形式外，可根据实际需求及操作成本，协商选择对口协作、产业转移、人才培训、共建园区等方式实施流域上下游横向生态保护补偿。鼓励流域下游市县代流域上游市县进行流域治理，流域上游市县积极配合，共同推进流域治理。鼓励流域上下游市县开展排污权交易和水权交易。鼓励其他流域上下游市县（区镇）参照本方案开展生态保护补偿，彰显流域上下游横向生态保护补偿机制的政策效能。

三、实施范围

本方案适用于全省流域面积 500 km² 及以上跨市县河流湖库和重要集中式饮用水水源的生态保护补偿。主要包括：南渡江、昌化江、万泉河、龙州河、定安河（大边河）、陵水河、宁远河、文澜江、藤桥河、大塘河、松涛水库、赤田水库、牛路岭水库、石碌水库等涉及全省 17 个市县的 10 条河流 4 个湖库 18 个断面（详见附件）。

四、实施内容

（一）断面水质考核目标。断面水质考核目标分为季度水质考核目标和年度水质考核目标。季度水质考核结果用于实施市县之间的补偿，年度水质考核结果用于实施省级年度奖励。

1. 季度水质考核因子和考核目标。断面季度水质考核因子为《地表水环境质量标准》（GB 3838—2002）中高锰酸盐指数、氨氮、总磷。当年季度考核目标为上述因子在前一个"生态环境保护五年规划"中的五年当季度平均值。

2. 年度水质考核因子和考核目标。断面年度水质考核因子为纳入海南省生态环境监测年度方案的常规监测因子。年度考核目标为各断面在本"生态环境保护五年规划"中的当年度水质类别目标。

（二）断面水量考核因子。断面水量考核不设考核目标，断面水量考核因子为断面径流量。断面径流量目前没有实测数据，计算方式是采用间接法推求，通过参证站的逐日平均径流量进行分析，分季度（年度）统计，按面积比拟法转换，实行四舍五入保留两位小数。断面径流量有实测数据后，按实测数据核算。

1. 季度水量考核因子。断面季度水量考核因子为断面季度径流量，用于测算市县之间季度补偿资金。

2. 年度水量考核因子。断面年度水量考核因子为断面年度径流量，用于测算省级年度奖励资金。

（三）市县之间补偿。流域上下游市县政府之间补偿实行"季度核算、年终结算"的办法。

1．季度补偿资金核算。流域上下游市县之间季度补偿资金核算应统筹考虑水质、水量因素。水质因素采用高锰酸盐指数、氨氮、总磷三个水质考核因子计算水质调节系数；水量因素为断面季度径流量。

（1）当断面季度水质类别优于水质目标类别，按下表中公式测算补偿资金。

表 1　当断面季度水质类别优于水质目标类别时补偿资金测算公式

水质类别提升情形	补偿资金测算公式
提升 1 个类别	补偿资金（万元）=2×补偿标准（万元/亿 m^3）×断面季度径流量（亿 m^3）
提升 2 个类别	补偿资金（万元）=2.5×补偿标准（万元/亿 m^3）×断面季度径流量（亿 m^3）

（2）当断面季度水质类别达到水质目标类别要求，且全部水质考核因子也达到或优于季度考核因子目标值，按下列公式测算补偿资金。补偿资金上限为：2×补偿标准（万元/亿 m^3）×断面季度径流量（亿 m^3）。

$$补偿资金（万元）=补偿标准（万元/亿 m^3）×$$
$$断面季度径流量（亿 m^3）×$$
$$水质调节系数$$
$$水质调节系数=1+（断面该因子水质季度目标值-断面最优水质$$
$$考核因子季度监测值）/断面该因子水质季度目标值$$

（3）当断面季度水质类别达到水质目标类别，但部分水质考核因子未达到季度水质考核因子目标值，按下列公式测算补偿资金。若水质调节系数为负数，则该季度补偿金为负，由流域上游市县补偿流域下游市县，补偿资金上限为：补偿标准（万元/亿 m^3）×断面季度径流量（亿 m^3）。

补偿资金（万元）=补偿标准（万元/亿 m³）×

断面季度径流量（亿 m³）×

水质调节系数

水质调节系数[2]=1−（断面最差水质考核因子季度监测值−断面该因子水质季度目标）/断面该因子水质季度目标值

（4）当断面季度水质类别未达到水质目标类别要求，按下表中的公式测算补偿资金。

表 2　当断面季度水质类别未达到水质目标类别时补偿资金测算公式

水质类别下降情形	补偿资金测算公式
下降 1 个类别	补偿资金（万元）=−1.5×补偿标准（万元/亿 m³）×断面季度径流量（亿 m³）
下降 2 个类别	补偿资金（万元）=−2×补偿标准（万元/亿 m³）×断面季度径流量（亿 m³）
下降 3 个类别及以上	补偿资金（万元）=−2.5×补偿标准（万元/亿 m³）×断面季度径流量（亿 m³）

2. 年度补偿资金结算。市县之间年度补偿资金结算为四个季度补偿资金的加和。年度结算补偿资金为正，由流域下游市县补偿上游市县；年度结算补偿资金为负，由流域上游市县补偿下游市县。

省生态环境厅、省水务厅在每个季度的第一个月将各断面上一季度的水质、水量季度监测情况通报给流域上下游市县政府并抄送省财政厅。流域上下游市县政府应于年度终了后 30 日内，将上年度补偿资金的汇总测算情况报送省财政厅、省生态环境厅、省水务厅，经 3 个部门审核后由省财政厅根据补偿协议核定流域上下游市县之间的补偿资金，并对补偿市县下达上解通知，通过省财政与市县年终结算办理补偿资金的上解与下达。

3．补偿标准。为更好地体现激励与约束，流域上下游市县政府可根据流域生态环境现状、保护治理成本投入、水质改善情况、径流量情况、支付能力等因素，按照不低于下述补偿标准自主协商，合理确定提高补偿标准。

交界断面考核目标为Ⅰ类的每季度补偿标准为 36 万元/亿 m³；交界断面考核目标为Ⅱ类的每季度补偿标准为 24 万元/亿 m³；交界断面考核目标为Ⅲ类的每季度补偿标准为 16 万元/亿 m³。

（四）省级财政奖励资金。省财政厅要不断完善生态环境保护成效与财政转移支付资金分配挂钩的激励约束机制，在流域上下游市县实施补偿的基础上，对断面水质年度考核结果达标、未发生Ⅲ级水污染事件且已签订补偿协议的市县，按照考核目标对应的补偿标准对流域上游市县给予达标奖励。并在达标奖励的基础上，对断面当年水质优于上年度考核目标1个类别的，省级财政对流域上游市县再给予达标奖励的50%作为激励奖励；对断面当年水质优于上年度考核目标2个类别及以上的，省级财政对流域上游市县再给予达标奖励的100%作为激励奖励。具体计算方式见下表：

表 3　省级财政奖励资金计算方式

年度水质类别提升情况	省级财政奖励资金
断面当年水质年度考核结果达标、未发生Ⅲ级水污染事件	奖励资金（万元）=补偿标准（万元/亿 m³）×断面年度径流量（亿 m³）
断面当年水质优于上年度考核目标 1 个类别的	奖励资金（万元）=1.5×补偿标准（万元/亿 m³）×断面年度径流量（亿 m³）
断面当年水质优于上年度考核目标 2 个类别及以上的	奖励资金（万元）=2×补偿标准（万元/亿 m³）×断面年度径流量（亿 m³）

获得省级奖励资金的市县，要将奖励资金专项用于流域上下游生态环境保护、治理、监测和修复等方面支出。对未按要求签订补偿协议的市县，暂停拨付相关市县省级生态环境保护专项资金。对未按上解通知上解补偿资金的市县，省级财政将通过年度结算扣减该市县等额资金并拨付给受偿市县。

五、实施保障

（一）落实市县主体责任。流域上下游市县政府作为责任主体，通过自主协商，签订具有约束力的补偿协议明确保护目标、补偿标准、补偿方式以及各自责任和义务，同时将补偿资金列入本市县政府预算，确保补偿资金及时足额到位。

（二）组织补偿协议签订。补偿协议实行两年一签制度，流域上下游市县政府应在补偿协议有效期终止前30日内签订后两年的补偿协议，并于签订补偿协议后 15 日内报送省财政厅、省生态环境厅、省水务厅备案。

（三）加强省级指导。省财政厅、省生态环境厅、省水务厅等 3 个部门要按照各自职责，加强对流域上下游市县横向生态保护工作的指导，督促各市县按规定实施生态保护补偿工作。省财政厅负责市县之间补偿资金的上解和下达，省级奖励资金的审核下达等工作，会同省生态环境厅、省水务厅加强对奖励资金使用情况的监管，监督补偿协议的签订和履行。省生态环境厅、省水务厅负责确定断面水质考核目标、水量考核因子，并适时公布季度、年度考核目标值，开展水质和水量监测，指导市县开展流域上下游横向生态保护和治理、流域监测网络体系建设等工作。

（四）加强断面水质、水量监测。省生态环境厅负责组织流域上下游市县和相关技术支持单位按照海南省生态环境监测年度方案开展断面水质监测，并以省生态环境厅确定的监测数据作为考核依据。省水务厅负责组织流域上下游市县和相关技术支持单位开展水量监测，并以省水务厅确定的监测数据作为考核依据。若因自然灾害等不可抗力因素造成断面水质、水量异常的，由省生态环境厅、省水务厅组织相关市县核准确认。

本方案自 2021 年 1 月 1 日起施行。2018 年 12 月 29 日海南省财政厅、海南省生态环境厅《关于印发〈海南省流域上下游横向生态保护补偿实施方案（试行）〉的通知》（琼财建〔2018〕2023 号）同时废止。

附件

2021 年起纳入流域上下游横向生态保护补偿范围的市县名单和流域断面名称情况表

序号	流域	河流、湖库（饮用水水源）	断面（点位）名称	上游出境市县名称	下游入境市县名称
1	南渡江	南渡江	番企村	琼中黎族苗族自治县	澄迈县
2	南渡江	南渡江	南味村	屯昌县	澄迈县
3	南渡江	南渡江	后黎村	澄迈县	海口市
4	南渡江	龙州河	温鹅村	屯昌县	定安县
5	南渡江	大塘河	龙兴村	临高县	澄迈县
6	南渡江	松涛水库（饮用水水源）	牙叉农场	白沙黎族自治县	儋州市
7	昌化江	昌化江	什统村	琼中黎族苗族自治县	五指山市
8	昌化江	昌化江	乐中	五指山市	乐东黎族自治县

序号	流域	河流、湖库（饮用水水源）	断面（点位）名称	上游出境市县名称	下游入境市县名称
9	昌化江	昌化江	跨界桥	乐东黎族自治县	东方市
10	昌化江	昌化江	广坝村	东方市	昌江黎族自治县
11	昌化江	石碌水库（饮用水水源）	石碌水库入口	白沙黎族自治县	昌江黎族自治县
12	万泉河	定安河（大边河）	溪仔村	琼中黎族苗族自治县	琼海市
13	万泉河	牛路岭水库（饮用水水源）	新中农场	琼中黎族苗族自治县	万宁市
14	藤桥河	藤桥河	三道四队	保亭黎族苗族自治县	三亚市
15	藤桥河	赤田水库（饮用水水源）	三道农场十五队	保亭黎族苗族自治县	三亚市
16	陵水河	陵水河	打南村	保亭黎族苗族自治县	陵水黎族自治县
17	宁远河	宁远河	岭曲村桥	保亭黎族苗族自治县	三亚市
18	文澜江	文澜江	光吉村	儋州市	临高县

安徽省建立市场化、多元化生态保护补偿机制行动方案

（皖发改皖南〔2019〕745 号）

为贯彻落实国家发展改革委、财政部、自然资源部、生态环境部、水利部、农业农村部、中国人民银行、国家市场监督管理总局、国家林业和草原局等 9 部委印发《建立市场化、多元化生态保护补偿机制行动计划》（发改西部〔2018〕1960 号），进一步健全我省生态补偿机制，特制定本行动方案。

一、重点任务

（一）健全资源开发补偿制度。

探索建立自然资源资产产权制度和收益分配制度。推进集体经营性建设用地入市有关工作，落实自然资源全民所有权和集体所有权的实现形式。引导企业将资源开发过程中的生态环境投入和修复费用纳入资源开发成本，自身或者委托第三方专业机构实施修复。制定省级层面自然保护地生态补偿制度，落实自然保护地内自然资源资产特许经营权等制度。深入推进自然资源资产有偿使用制度改革，扩大国有建设用地有偿使用范围；推深做实林长制改革，推进国有森林资源和草原资源资产有偿使用；待国家相关政策明确后，适时修订矿业权出让管理办法；探索实施对流域水资源、水能资源开发利用的统一监管。

推进我省自然资源资产交易平台和服务体系建设，加快自然资源资产市场信用体系建设。（省自然资源厅牵头，省发展改革委、省财政厅、省住房城乡建设厅、省水利厅、省农业农村厅、人行合肥中心支行、省

林业局按职责分工配合，地方各级人民政府负责落实。以下均需地方各级人民政府负责落实，不再列出）

（二）优化排污权配置。

构建我省以排污许可制为核心的固定污染源监管体系。实施新安江流域排污权管理工程，推动建立初始排污权分配机制，科学分配新安江流域各县（区）行政单元的总量控制指标和企业个体的初始排污权。推动新安江流域内先行建立排污权交易市场和制度，促进工业企业在满足环境质量改善目标任务的基础上，主动提高控污能力和水平，达到污染物排放减量化目标。以工业企业、污水集中处理设施等为重点，探索建立省内制造业、采矿业等重点行业、重点园区排污强度区域排名体制，排名靠后地区对排名靠前地区进行合理补偿。（黄山市人民政府、省生态环境厅牵头，省发展改革委、省财政厅按职责分工配合）

（三）完善水权配置。

积极稳妥推进水权确权，合理确定行政区域取用水总量和权益，逐步明确取用水户水资源使用权。推动六安市金安区水权确权登记改革试点，探索形成可复制、可推广的水权确权登记做法与经验，构建归属清晰、权责明确、监管有效的水权制度体系。在有条件的行政区域，引导支持开展水权交易，对用水总量达到或超过区域总量控制指标或江河水量分配指标的地区，原则上要通过水权交易解决新增用水需求。支持取水权人通过节约使用水资源有偿转让相应取水权。探索建立水权交易平台，加强对水权交易活动的监管，强化水资源用途管制。加大对水资源保护区域转移支付补偿力度，加大对上游水源地保护，实行对全省水资源的统筹使用。（省水利厅牵头，省自然资源厅、省生态环境厅、财政厅按职责分工配合）

（四）探索建立碳排放权交易机制。

建立重点企（事）业单位年度碳排放监测、报告和第三方核查制度。制定年度地方温室气体排放清单。支持企业实施二氧化碳捕捉、可再生能源、造林等核证自愿减排项目。探索建立我省碳排放权交易平台，待全国碳排放市场建立后，引导支持企业参与碳排放权交易。积极推进光伏扶贫碳排放权交易，引导碳交易履约企业优先购买大别山等革命老区、贫困地区林业碳汇项目产生的减排量。探索创新碳市场抵消机制中自愿减排的林业碳汇项目交易模式，支持企业、高校和科研机构开展林业增汇减排技术研究和创新。（省生态环境厅牵头，省自然资源厅、省林业局按职责分工配合）

（五）发展生态产业。

积极争取中央财政加大对我省转移支付力度和中央预算内资金支持，投资向重点生态功能区内的基础设施和公共服务设施建设倾斜。加大地方各级公共财政对生态产业的投入力度，通过政府购买服务等方式充分发挥财政资金的激励引导作用。引导社会资金发展生态产业，通过政府和社会资本合作（PPP）、股权合作等方式，支持市、县（市、区）政府所在地将近郊垃圾焚烧、污水处理、水质净化、灾害防治、岸线整治修复、生态系统保护和修复工程与生态产业发展有机融合，以产业发展促进生态保护。（省发展改革委、省财政厅、省自然资源厅、省生态环境厅、省住房城乡建设厅、省交通运输厅、省农业农村厅、省水利厅、省文化和旅游厅、省林业局、省扶贫办按职责分工负责）

（六）完善绿色标识。

依据绿色产品标准、认证和监管等体系，推动绿色产品标准、认证、标识体系在我省使用和采信。着力构建绿色产品培育、发展和保护机制，将现有环保、节能、节水、循环、低碳、再生、有机等产品整合为绿色产品，逐步建立健全绿色标识产品清单制度。加大绿色产品认证引导力度和扶持力度，支持企业开展绿色产品生产技术改造，积极主动申报系列认证。规范使用无公害农产品、绿色食品、有机产品和地理标志产品的专用标识，强化对认证机构、获证企业、获证产品和专用标识使用的监管。贯彻落实国家环境管理体系、能源管理体系、森林生态标志产品和森林可持续经营认证制度，建立健全申报相关认证产品的绿色通道制度，实现优质优价。（省市场监管局、省发展改革委、省自然资源厅、省生态环境厅、省水利厅、省农业农村厅、省能源局、省林业局按职责分工负责）

（七）推广绿色采购。

对列入财政部、国家发展改革委、生态环境部、市场监管总局等部门发布的政府采购节能产品、环境标志产品实施品目清单，按规定实施政府优先采购。综合考虑市场竞争、成本效益、质量安全、区域发展等因素，合理确定符合绿色采购要求的需求标准和采购方式。推广和实施绿色采购，优先选择获得环境管理体系、能源管理体系认证的企业或公共机构，优先采购经统一绿色产品认证、绿色能源制造认证的产品，为生态功能重要区域及贫困地区的产品进入市场创造条件。有序引导社会力量参与绿色采购供给，形成改善生态保护公共服务的合力，并向贫困地区倾斜。（省财政厅、省发展改革委、省市场监管局牵头，省生态环境厅、省水利厅、省能源局、省扶贫办按职责分工配合）

（八）发展绿色金融。

完善生态保护补偿融资机制。加大绿色信贷投入，支持银行业金融机构建立符合绿色企业和项目融资特点的绿色信贷服务体系，支持生态环境保护项目。支持有条件的非金融企业和金融机构发行绿色债券，创新绿色债券产品，促进绿色债券市场参与主体多元化发展。支持保险机构创新绿色保险产品，稳步推进环境污染责任保险，推动企业运用保险机制防范化解污染事故造成的经营风险。在坚决遏制隐性债务增长的基础上，支持以 PPP 模式规范操作的绿色产业项目；探索设立区域性绿色发展基金，支持黄山市先行先试。（人行合肥中心支行牵头，省财政厅、省自然资源厅、安徽银保监局、安徽证监局按职责分工配合）

（九）建立绿色利益分享长效机制。

全面推广新安江流域生态补偿机制和大别山水环境生态补偿机制试点经验，支持生态保护地区和受益地区开展横向生态补偿，建立完善跨省界流域水资源生态补偿机制，探索建立跨市域流域内下游地区对上游地区提供优于水环境质量目标的水资源予以补偿的机制，探索开展空气质量生态补偿机制。创新补偿方式，将生态补偿与精准扶贫有机结合，利用生态补偿和生态保护工程资金，使当地有劳动能力的部分贫困人口转为生态保护人员，逐步扩大贫困地区和贫困人口生态补偿受益程度。推动生态保护地区和生态受益地区发展一体化，采取资金补助、产业转移、人才培训、共建园区、旅游合作等多元化补偿方式，实现共建共享、互利共赢。（省发展改革委、省财政厅、省生态环境厅、省水利厅、省林业局、省扶贫办按职责分工负责）

（十）开展生态综合补偿试点。

贯彻落实国家发展改革委《生态综合补偿试点方案》，在国家重点生态功能区范围内，选择一批贫困地区和生态保护补偿工作基础较好的地区，以县（市、区）为单位列入国家生态综合补偿试点。重点围绕创新森林生态效益补偿制度、推进建立流域上下游生态补偿制度、发展生态优势特色产业、推动生态保护补偿工作制度化等方面加大对试点地区的政策和资金支持。指导试点地区编制试点实施方案。（省发展改革委牵头，省财政厅、省自然资源厅、省生态环境厅、省农业农村厅、省文

化和旅游厅、省林业局、省扶贫办按职责分工配合)

二、配套措施

(十一)健全激励机制。

整合用好现有政策,发挥政府在市场化、多元化生态保护补偿中的引导作用,吸引社会资本参与,对成效明显的先进典型地区给予适当支持。(省发展改革委、省财政厅牵头,省自然资源厅、省生态环境厅、省水利厅、省农业农村厅、省林业局按职责分工配合)

(十二)加强评价考核。

建立对市场化、多元化生态保护补偿投入与成效的目标评价考核制度,健全调查体系和长效监测机制。建立健全自然资源目标管控和统一调查评价、自然资源分等定级价格评估制度。加强重点区域资源、环境、生态监测,完善生态保护补偿基础数据。(省发展改革委、省自然资源厅、省生态环境厅、省水利厅、省农业农村厅、省统计局、国家统计局安徽调查总队、省林业局按职责分工负责)

(十三)强化技术支撑。

以生态产品产出能力为基础,探索建立生态保护补偿标准体系、绩效评估体系、统计指标体系。逐步扩大自然资源资产负债表(实物量)编制试点范围。培育生态服务价值评估、自然资源资产核算、生态保护补偿基金管理等相关机构。支持有条件的县(市、区)开展生态系统服务价值核算试点,试点成功后全面推广。(省发展改革委、省财政厅、省自然资源厅、省生态环境厅、省水利厅、省农业农村厅、省统计局、国家统计局安徽调查总队、省林业局按职责分工负责)

三、组织实施

（十四）强化统筹协调。

发挥好省推广新安江流域生态补偿机制联席会议制度的作用，加强省直单位与各市政府的合作，协调解决工作中遇到的重大问题。省直单位、各市政府要加强工作进展跟踪分析，每年向省推广新安江流域生态补偿机制联席会议办公室报送情况。

（十五）压实工作责任。

省直单位、各市政府要将市场化、多元化生态保护补偿机制建设纳入年度工作任务，细化工作方案，明确责任主体，完善支持政策措施，加强督促指导，并建立与之相配套的容错纠错机制，推动补偿机制建设逐步取得实效。

（十六）加强宣传推广。

各市各有关单位要加强国家和省有关生态保护补偿政策宣传解读，及时宣传取得的成效，推广可复制的经验。要发挥新闻媒体的优势，传播各地好经验好做法，引导各类市场主体参与补偿，推动形成全社会保护生态环境的良好氛围。

江西省推进市场化、多元化生态保护补偿机制建设行动计划

（赣发改环资〔2019〕1151 号）

为全面贯彻落实《国家生态文明试验区（江西）实施方案》（中办发〔2017〕57 号）和《建立市场化、多元化生态保护补偿机制行动计划》（发改西部〔2018〕1960 号）等文件要求，制订本行动计划。

一、总体要求

（一）指导思想

以习近平新时代中国特色社会主义思想为指导，全面贯彻党的十九大及各次全会精神，遵循我省"绿色崛起"的发展要求，坚持"谁受益、谁补偿"的原则，逐步扩大补偿范围，探索建立市场化、多元化生态保护补偿机制，充分调动各方参与生态保护的积极性，实现生态保护地区和受益地区的良性互动，促进全省生态文明建设迈上新台阶。

（二）基本原则

1. 政府引导、市场主导

充分发挥政府对生态保护补偿的引导作用，在生态补偿理念、补偿政策、补偿形式、补偿标准、补偿途径等方面为市场发挥作用创造有利条件。正确区分市场与政府在生态补偿工作中的责任边界，市场行为着重解决有明确生态受益与生态受损的群体，政府行为着重承担生态受益群体不明确时的生态补偿责任。

2．分类分区、多元补偿

针对不同地区的实际情况，开展分区补偿。针对不同生态系统的生态服务功能及特征，开展分类补偿。促进补偿形式、补偿主体、补偿手段和利益协调多元化。

3．权责统一、公众参与

按照谁受益、谁补偿的原则，科学界定保护者与受益者权利义务，推进生态保护补偿标准体系和沟通协调平台建设，加快形成受益者付费、保护者得到合理补偿的运行机制。引导企业、社会团体、非政府组织等各类受益主体履行生态补偿义务，并监督受偿者履行生态保护责任。

4．统筹推进、试点先行

将试点先行与逐步推广、分类补偿与综合补偿、横向补偿与纵向补偿有机结合，大胆探索，稳步推进全省市场化、多元化生态保护补偿机制建设，不断提升生态保护成效。

（三）主要目标

到 2020 年，市场化、多元化生态保护补偿机制稳步推进，全社会参与生态保护的积极性有效提升，受益者付费、保护者得到合理补偿的政策环境初步形成。到 2022 年，市场化、多元化生态保护补偿水平明显提升，生态保护补偿市场体系初步建立，生态保护者和受益者互动关系更加协调，为生态优先、绿色发展提供有力支撑。

二、重点任务

（一）健全自然资源开发与保护补偿制度

针对土地、水、矿产、森林、湿地、草地、渔业等自然资源逐步建立产权明晰、权能丰富、规则完善、监管有效、权益落实的自然资源资

产有偿使用制度，完善由受益主体向权利主体开展补偿的市场化、多元化开发补偿体系，实现自然资源开发利用和保护的生态、经济、社会效益有机统一。

1. 建立健全国有土地资源有偿使用制度

完善我省建设用地使用权转让、出租、抵押二级市场相关制度。完善公共服务项目用地政策，制定公共服务用地基准地价，对非营利性能源、环境保护、保障性安居工程、养老、教育、文化、体育及供水、燃气供应、供热设施等项目，除可按划拨方式供应土地外，鼓励以出让、租赁方式供应土地，支持市、县政府以国有建设用地使用权作价出资或者入股的方式提供土地，与社会资本共同投资建设。落实国有企业事业单位改制建设用地资产处置政策。试点探索农垦国有农用地有偿使用。（省自然资源厅牵头，省农业农村厅、省住建厅、省财政厅、省林业局按职责分工负责，地方各级人民政府负责落实，以下均需地方各级人民政府负责落实，不再列出）

2. 建立健全水资源有偿使用制度

严格水资源费征收管理，依法规范征收水资源费，落实超计划或超定额取水累进加收水资源费政策。推动水权水市场改革，制定水权交易管理办法和交易规则，依托省级公共资源交易平台探索开展区域水权、取水权、灌溉用水户水权交易。（省水利厅牵头，省财政厅、省税务局、省发展改革委、省自然资源厅、省工信厅、省农业农村厅按职责分工负责）

3. 建立健全矿产资源有偿使用制度

全面推进矿业权竞争性出让，除协议出让、申请审批等特殊情形外，对矿业权一律以招标拍卖挂牌方式公开出让，由市场判断勘查开采风险，决定出让收益。建立矿业权市场基准价，通过协议方式出让矿业权

166

的，矿业权出让收益按照评估价值、市场基准价就高确定。在出让地热水、矿泉水探矿权的区域，开展以矿业权出让收益率形式征收矿业权出让收益试点。出台激励社会资本投入历史遗留矿区国土空间生态修复的政策措施。（省自然资源厅牵头，省财政厅、省林业局、省农业农村厅按职责分工负责）

4. 建立健全森林和湿地资源有偿使用制度

建立健全天然林和公益林补偿机制，按照"谁受益、谁补偿"的原则，探索多渠道补偿机制，从生态受益行业筹集一定资金，用于提高天然林和公益林补偿标准。逐步建立天然林和公益林分类补偿机制，对国家级自然保护区、赣抚信修饶五河及东江源头、世界自然遗产地、大型水库周边等重要区位的天然林和公益林进行差别化补偿。在确保发挥国有森林资源、湿地资源生态主体功能的前提下，对符合法律法规政策和相关规划允许进行经营性开发利用的，要确定有偿使用的范围、期限、条件、程序和方式。对国有天然林和公益林、国家公园等自然保护地一般控制区内及省级以上湿地区域的森林资源、湿地资源，仅允许通过特许经营的方式，发展森林和湿地生态旅游、康养体验、科普研学、自然教育等业态。规范国有森林、湿地资源资产有偿使用配套基础设施建设用地的使用和管理。在重要生态功能区域探索开展非国有森林赎买（置换、租赁等）和禁伐补贴、协议封育试点。（省林业局牵头，省自然资源厅、省财政厅、省发展改革委按职责分工负责）

5. 建立健全草地资源开发与保护补偿制度

按照国家统一部署开展国有草地确权登记颁证工作，在确保发挥国有草地资源生态主体功能的前提下，兼顾草地及其景观资源所蕴含的独特经济价值，增强草地提供社会公共服务的功能。对符合法律法规规定和相关规划允许进行经营性开发利用的，要确定有偿使用的范围、期限、

条件、程序和方式。探索国有草地资源通过租赁、特许经营等方式开发草地旅游、草地体验、草地科普教育等。(省林业局牵头，省自然资源厅、省发展改革委、省农业农村厅、省统计局按职责分工负责)

6. 建立渔业资源保护补偿制度

结合禁捕水域水资源、渔业资源、砂石资源、矿产资源等利用情况，建立全省禁捕退捕生态补偿机制。探索建立以财政资金支持为主导，市场化激励机制为辅助的支持水生生物栖息地的保护和恢复的补偿机制。积极探索多元投入模式，推进水生生物保护、鄱阳湖渔民退捕转产补助等，积极引导公益组织投入，建立长效管护机制。(省农业农村厅牵头，省财政厅、省水利厅、省发展改革委、省自然资源厅、省林业局按职责分工负责)

(二) 健全环境权益交易制度

建立实现环境资源权益的市场化机制，探索发展基于排污权、碳排放权、用能权等各类环境权益的融资工具，拓宽绿色企业融资渠道。

1. 完善排污权交易制度

修订完善《全省排污权有偿使用和交易试点工作方案》，完善出台指标核定、交易和监督等相关配套政策，逐渐将钢铁、水泥、造纸、印染 4 个试点行业纳入到排污权交易中。(省生态环境厅牵头，省发展改革委、省工信厅、省水利厅、省住建厅、省统计局、省市场监督管理局、省税务局、省金融监管局、人民银行南昌中心支行按职责分工负责)

2. 完善碳排放权交易制度

开展江西省碳市场配额政策研究，进行碳排放配额分配，组织企业参与全国碳市场测试运行，持续进行各级有关部门、重点企业、第三方机构的能力建设。开展江西省碳中和试点建设，结合我省部分企业需求开展市场化、多元化、可持续的碳中和项目。探索推进江西省碳普惠体系建设，鼓励各地开展碳普惠实践。（省生态环境厅牵头，省林业局、省统计局、省市场监督管理局、省税务局、省金融监管局、人民银行南昌中心支行按职责分工负责）

3. 完善用能权交易制度

逐步建立企业能耗数据报送和核查、初始用能权核定与分配、用能权有偿使用和交易制度体系，依托江西省产权交易所搭建交易平台。推进用能权有偿使用和交易制度改革，将我省水泥、钢铁、陶瓷行业和具有代表性的萍乡市、新余市、鹰潭市等设区市全域的年综合耗能5 000 t标准煤以上的工业企业纳入用能权交易试点。在试点基础上，完善市场要素，健全监管机制，扩大试点行业和区域范围，条件成熟后与其他试点地区对接，力争打造成为全国交易平台。（省发展改革委牵头，省司法厅、省工信厅、省交通运输厅、省管局、省统计局、省市场监督管理局、省税务局、省金融监管局、人民银行南昌中心支行按职责分工负责）

（三）健全生态产业激励制度

积极引导社会资金发展生态产业，以供给侧结构性改革为主线，加快建立健全以产业生态化和生态产业化为主体的生态经济体系，培育高质量现代化生态产业体系，将生态优势转化为经济优势。

1. 完善生态农业激励制度

采取直接补助、政府购买服务、贷款贴息、先建后补、以奖代补等方式，对转变种养业生产方式、农业废弃物资源化利用、农业生态环境保护、渔业资源保护等予以支持；对稻米、油茶、中药材等九大优势特色主导农业产业发展、农业结构调整、农村一二三产业融合等予以支持；完善有利于防止耕地污染的种养结合、休耕轮作等政策措施，探索建立农业生产活动正外部效应合理补偿机制。（省农业农村厅牵头，省财政厅、省税务局、人民银行南昌中心支行、省生态环境厅、省文旅厅、省

林业局、省商务厅按职责分工负责)

2. 完善文化旅游产业激励制度

采取财政贴息等多种方式支持康养旅游、乡村旅游等文化旅游产业的开发与保护；探索建立全省资源损失价值与资源耗竭价值补偿制度。(省文旅厅、省自然资源厅牵头，省财政厅、省税务局、人民银行南昌中心支行按职责分工负责)

（四）健全绿色标识绿色消费激励制度

完善绿色产品标准、认证和监管等体系，发挥绿色标识促进生态系统服务价值实现的作用。有序引导社会力量参与绿色采购供给、践行绿色消费理念，形成改善生态保护公共服务的合力。

1. 推进绿色标识制度实施

按照国家统一建立的绿色产品认证、标识等体系，组织实施绿色标识制度，加强绿色产品质量监管。(省市场监督管理局牵头，省商务厅、省发展改革委、省税务局、省工信厅、省农业农村厅、省生态环境厅、省管局按职责分工负责)

2. 完善绿色消费政策

严格执行政府对节能环保产品的优先采购和强制采购制度，扩大政府绿色采购范围，健全标准体系和执行机制，提高政府绿色采购规模。加强对落实节能和环境产品政府采购政策的监督检查。全面实行保基本、促节约，更好反映市场供求、资源稀缺程度、生态环境损害成本和修复效益的资源阶梯价格政策，完善居民用电、用水、用气阶梯价格。(省财政厅、省发展改革委牵头，省商务厅、省市场监督管理局、省税务局、省农业农村厅、省生态环境厅、省管局按职责分工负责)

（五）健全绿色金融制度

鼓励各银行业金融机构针对生态保护地区建立绿色信贷服务体系，

将绿色贷款等绿色指标列入考核,发挥考核引导和激励作用。建立绿色项目库动态发布机制,引导资金投向生态保护项目。在坚决遏制隐性债务增量的基础上,支持生态保护地区政府和社会资本按市场化原则共同发起区域性绿色发展基金,支持绿色产业项目建设。鼓励金融机构将生态补偿资金、补偿收益权等作为抵押品,探索排污权、水权、碳排放权、用能权融资新模式。鼓励金融机构和非金融企业发行绿色债券,鼓励保险机构创新绿色保险产品,探索绿色保险参与生态保护补偿的途径。完善生态保护补偿融资机制,在全省范围内复制推广赣江新区绿色金融改革的经验做法。

1. 创新绿色信贷产品和服务

在风险可控和商业可持续的前提下,创新能效信贷担保方式,以特许经营权质押、林地经营权抵押、公益林和天然林收益权质押、应收账款质押、股权质押、合同能源管理项目未来收益权质押等方式,开展能效融资、碳排放权融资、排污权融资等信贷业务。加强动产融资登记工作,保障质权人的合法权益。大力推广"财园信贷通""财政惠农信贷通",积极稳妥推进农村承包土地经营权抵押贷款、林权抵押贷款。(省金融监管局、人民银行南昌中心支行牵头,江西银保监局、江西证监局、省财政厅、省农业农村厅、省林业局、省自然资源厅、省生态环境厅按职责分工负责)

2. 支持银行和企业发行绿色债券

鼓励和支持我省地方法人金融机构发行绿色金融债券,探索发行绿色资产支持证券和绿色资产支持票据等符合国家绿色产业政策的创新产品。支持符合条件的企业发行企业债券、公司债券和债务融资工具,积极推动绿色中小型企业发行绿色中小企业集合债。支持我省金融机构和企业到境外发行绿色债券。(省金融监管局牵头,江西银保监局、江

西证监局、人民银行南昌中心支行、省发展改革委、省财政厅按职责分工负责)

3. 支持创设绿色发展基金

依托省发展升级引导基金，引入社会资本设立我省绿色产业发展相关子基金。充分发挥绿色发展基金阶段参股、跟进投资、风险补偿、投资保障等作用，强化对种子期、初创期科技型绿色中小型企业的投入。通过放宽市场准入、完善公共服务定价、实施特许经营模式、落实财税和土地政策等措施，支持绿色发展基金做大做强。鼓励养老基金、保险资金等长期性资金开展绿色投资。(省财政厅牵头，省发展改革委、省税务局、省金融监管局、人民银行南昌中心支行按职责分工负责)

4. 完善绿色保险服务

充分发挥绿色保险在促进生态建设、环境保护、绿色产业发展的作用，鼓励各地开展环境污染责任保险、农业险试点。(江西银保监局、省金融监管局牵头，省财政厅、人民银行南昌中心支行、省发展改革委按职责分工负责)

三、配套措施

健全激励机制、投入机制、监测评价机制，强化科学技术支撑，为推进建立市场化、多元化生态保护补偿机制创造良好的基础条件。

1. 健全激励机制

发挥政府在市场化、多元化生态保护补偿中的引导作用，吸引社会资本参与，对成效明显的先进典型地区给予适当支持。(省发展改革委、省财政厅牵头，省自然资源厅、省生态环境厅、省水利厅、省农业农村厅、省林业局按职责分工负责)

2．健全投入机制

鼓励社会资金参与生态建设、环境污染整治。探索在城乡土地开发中积累生态环境保护资金，利用地方政府债券资金、开发性贷款，以及国际金融组织和外国政府的贷款等，形成多元化的资金投入格局。(省财政厅、省税务局、省生态环境厅、省发展改革委、省自然资源厅、省水利厅、省农业农村厅、省林业局按职责分工负责)

3．健全利益分享机制

引导生态受益地区加强对生态保护地区的交流、协作和帮扶，通过对口协作、园区共建、项目支持、飞地经济、产业转移、异地开发等方式，拓宽合作领域，丰富补偿方式，建立横向绿色利益分享机制。深化流域水环境生态补偿，推进省内流域上下游横向生态补偿机制建设。(省发展改革委、省财政厅、省生态环境厅、省工信厅、省农业农村厅、省林业局按职责分工负责)

4．健全监测评价机制

加强对市场化、多元化生态保护补偿投入与成效的监测，健全调查体系和长效监测机制。建立健全自然资源统一调查监测评价、自然资源分等定级价格评估制度。加强重点区域资源、环境、生态监测，完善生态保护补偿基础数据。(省自然资源厅、省发展改革委、省生态环境厅、省水利厅、省农业农村厅、省统计局、省林业局按职责分工负责)

四、组织实施

1．强化组织领导

以政府为主导建立市场化生态保护推进工作机制，加强省直部门之间以及部门与地方的合作，协调解决工作中遇到的困难。有关部门、各地方要加强工作进展跟踪分析，每年向生态保护补偿工作牵头单位报送

情况。

2. 压实工作责任

各地要将市场化、多元化生态保护补偿机制建设纳入年度工作任务，细化工作方案，明确责任主体，推动补偿机制建设逐步取得实效。各有关部门要加强重点任务落实的业务指导，完善支持政策措施，加强对工作任务的督促落实。

3. 加强宣传推广

各地各有关部门要加强生态保护补偿形势宣讲和政策解读，充分发挥新闻媒体舆论导向和监督作用，通过多种形式，引导全社会树立生态产品有价、保护生态环境人人有责的意识。要发挥新闻媒体的平台优势，传播各地好经验好做法，引导各类市场主体参与补偿，推动形成全社会保护生态环境的良好氛围。

苏州市生态补偿资金管理办法

（苏财规〔2020〕1号）

第一章 总 则

第一条 为了规范苏州市生态补偿资金管理（以下简称生态补偿资金），提高资金使用效益，根据《中华人民共和国预算法》《苏州市生态补偿条例》等法律法规，制定本办法。

第二条 本办法所称苏州市生态补偿资金是苏州市政府及各区政府对因保护和恢复生态环境及其功能，经济发展受到限制的补偿对象给予经济补偿而设立的资金。

第三条 生态补偿资金的管理遵循政府主导、社会参与、权责一致、突出重点的原则。

第四条 市、区财政部门负责统筹协调本行政区域的生态补偿工作，农业、水务、林业、生态环境等主管部门，负责做好本部门职能范围内的生态补偿工作。

第二章 部门职责

第五条 市、区财政、农业、水务、生态环境、林业等主管部门分别履行以下职责：

财政部门：负责统筹协调本行政区域的生态补偿工作；提出生态补偿标准方案，会同相关部门审核、确定生态补偿资金分配方案；负责生态补偿资金审核结果和分配方案的公示；负责制定生态补偿资金管理办

175

法；规范生态补偿资金会计核算和档案管理，组织开展生态补偿资金绩效管理，监督生态补偿资金使用；做好生态补偿政策的宣传。

农业部门：负责水稻田生态补偿范围的认定；配合财政部门提出水稻田生态补偿方案；审核水稻田生态补偿申报材料；加强生态补偿区域内生态保护技术指导，监督水稻田生态保护落实情况；做好生态补偿政策的宣传。

水务部门：负责水源地生态补偿范围认定；配合财政部门提出水源地生态补偿方案；审核水源地生态补偿申报材料；加强生态补偿区域内生态保护技术指导，监督水源地生态保护落实情况；做好生态补偿政策的宣传。

林业主管部门：负责生态公益林、重要湿地、风景名胜区生态补偿范围认定；配合财政部门提出生态公益林、重要湿地、风景名胜区生态补偿方案；审核生态公益林、重要湿地、风景名胜区生态补偿申报材料；加强生态补偿区域内生态保护技术指导，监督生态公益林、重要湿地、风景名胜区生态保护落实情况；做好生态补偿政策的宣传。

生态环境部门：负责拟订和监督实施全市重点区域、重点流域污染防治规划和生态保护规划，加强生态环境保护和污染治理，监督对生态环境有影响的自然资源开发利用活动、重要生态环境建设和生态破坏恢复工作。

第三章　生态补偿资金的申报、审核和公示

第六条　生态补偿资金根据市政府确定的范围和标准实施，实行分类申报、逐级审核的制度。

（一）申报。水稻田、重要湿地、水源地生态补偿资金，由村（居）民委员会向镇级财政申报。生态公益林、风景名胜区生态补偿资金由镇

（街道）向区财政部门申报。

其他组织符合生态补偿资金申报条件的，可以在规定时间直接向区财政部门申报。

（二）审核。镇级财政会同相关主管部门对各村（居）民委员会的申报材料进行审核、汇总并报镇（街道）审定。区财政部门会同区农业、水务、林业等部门对镇（街道）审定的申报材料进行复核、汇总。

（三）核定。市财政局会同市农业、水务、生态环境、林业等主管部门，对区复核的申报材料进行审核、汇总，核定当年度应拨付的生态补偿资金。

第七条　生态补偿资金的审核公示与方案公布。

（一）审核结果公示。市、区财政部门将生态补偿资金审核结果在政务网上公示。各区财政部门公示各镇（街道）接受市、区生态补偿资金汇总数，其中镇（街道）接受生态公益林和风景名胜区生态补偿资金的要单列。镇级财政在补偿范围涉及的镇（街道）、村（居）民委员会所在地公示栏将各村接受生态补偿资金的明细情况进行公示，公示时间不少于 15 日。

（二）分配方案公布。经公示无异议后，市财政局将生态补偿资金分配方案在政务网上公布，并将生态补偿资金分配方案告知区财政部门，由各区财政部门在区政务网公布并告知补偿范围涉及的镇级财政，再由镇级财政在补偿范围涉及的镇（街道）、村（居）民委员会所在地公示栏公布。

第四章　生态补偿资金的拨付、使用

第八条　市级财政承担的生态补偿资金，由市财政局拨付给区财政部门，区财政部门将市、区两级生态补偿资金一并拨付给镇级财政。

镇级财政应当在生态补偿资金到账后 15 日内将应拨资金拨付给村（居）民委员会，不得以任何理由截留、挪用、滞留。其他组织的生态补偿资金，由各区财政部门直接拨付。

第九条　生态补偿资金应当用于维护生态环境、发展生态经济、补偿集体经济组织成员等。镇（街道）应当拟定生态补偿资金使用预算，报镇（街道）人大批准后实施。在村级落实好生态保护责任的前提下，生态补偿资金可作为村级可用财力。村（居）民委员会应当拟定生态补偿资金使用方案，经村（居）民会议或者村（居）代表会议通过后实施。

第十条　各区财政部门于每年 7 月和次年 1 月起 7 个工作日内，将本年度上半年和上年度生态补偿资金收支情况表上报市级财政部门，市财政部门予以通报。镇（街道）和其他组织应当按照市、区财政部门的要求，及时报告生态补偿资金的使用情况。

第十一条　生态补偿资金会计核算规范。村集体组织收到生态补偿资金，应在"补助收入"科目下设立"生态补偿款"明细科目，以专项核算生态补偿资金的拨入情况。按开支科目分别设置"生态补偿支出"明细科目进行明细核算。

第十二条　根据《实施第四轮生态补偿政策意见》由市级财政对生态补偿政策创新给予的一次性奖励资金的使用，参照本办法第九条执行。

第十三条　生态补偿资金使用过程中涉及政府采购、工程招投标的，按照政府采购和招投标管理的法律法规执行。

第五章　绩效管理和监督检查

第十四条　财政部门应建立生态补偿资金预算绩效管理机制，组织开展全过程预算绩效管理，必要时可委托第三方机构开展绩效重点评价，评价结果上报地方人大和政府。

第十五条 各级财政部门依据相关法规，负责对本行政区内生态补偿资金使用情况的检查和监督。

对未落实好生态保护责任及在规定期限内未达到整改要求的，财政部门应当根据市、区相关部门出具的整改通知书和书面告知情况，决定缓拨、减拨、停拨或者追回生态补偿资金。生态补偿对象因破坏生态环境受到有关部门处罚的，两年内不得获得生态补偿资金。

对违反规定使用、骗取财政资金的行为，责令改正，追回有关财政资金，并按照《中华人民共和国预算法》《财政违法行为处罚处分条例》《江苏省财政监督条例》等予以处理和处罚。

第六章　附　则

第十六条 本办法所称的"镇级财政"包括生态补偿范围内各乡镇（街道）财政和开发区财政。

第十七条 各县级市可参照本办法制定本地区的生态补偿资金管理办法，并报市级财政部门备案。

第十八条 本办法由市财政局会同市农业、水务、生态环境、林业等主管部门负责解释。

第十九条 本办法自 2020 年 2 月 14 日起施行，2011 年 10 月 14 日制定的《关于规范村级集体生态补偿专项资金会计核算方法的通知》（苏财农字〔2011〕208 号）、2015 年 1 月 27 日发布的《苏州市生态补偿资金管理办法》（苏财规字〔2015〕1 号）同时废止。

安吉县人民政府关于印发安吉县流域上下游乡镇（街道）生态补偿机制的实施意见（试行）

（安政发〔2020〕19号）

各乡镇人民政府（街道办、管委会），县政府各部门，县直各单位：

为深入践行"绿水青山就是金山银山"理念和贯彻党的十九届四中全会精神，积极推进"五水共治"工作和省级水生态环境示范试点县建设，完善我县流域和饮用水水源地生态补偿机制，强化水污染防治属地管理责任，促进水环境质量改善，确保群众饮用水安全，提升生态文明建设水平。根据《建立省内流域上下游横向生态保护补偿机制的实施意见》（浙财建〔2017〕184号）有关文件精神，结合我县实际，特制定本实施意见。

一、指导思想

以党的十九大和十九届四中全会精神为指导，以"五位一体"总体布局和协调推进"四个全面"战略布局，深化生态文明体制改革。以统筹流域内上下游乡镇（街道）经济社会协调可持续发展为主线，以保护和改善河流水质为目标，以流域上下游乡镇（街道）交接断面水质为依据，协调流域上下游乡镇（街道）之间以协议方式明确各自职责和义务，加快实施水环境保护和水污染治理项目，促进流域（饮用水水源地）水环境保护和水质提升。

二、主要目标

在全县建立流域上下游乡镇（街道）和饮用水水源地生态补偿机制，鼓励乡镇（街道）采取控源截污、排污口整治、清淤疏浚、生态修复等措施落实水污染防治的各项工作职责。基本形成流域上下游乡镇（街道）联动、协同治理的工作格局、全流域共抓生态环境保护和水生态修复的制度体系。

三、基本原则

（一）权责对等，双向补偿。流域上下游乡镇（街道）要妥善处理经济社会发展和环境保护的关系，在发展的过程中充分考虑上下游共同利益，实行"谁达标谁受益、谁超标谁赔付"的双向补偿。

（二）协同保护，联防联治。树立流域保护"一盘棋"思想，在规划制定、空间和产业布局及生态环境执法等领域形成共商共管格局，统筹推进水污染治理、水生态修复和水资源保护。

（三）乡镇为主，强化监管。流域上下游乡镇（街道）作为责任主体，通过签订协议明确各自的责任和义务。生态环境局、财政局作为第三方，对生态补偿政策实施给予指导，并对协议履行情况实施监管。

（四）监测为据，以补促治。以乡镇（街道）交接断面水质监测和饮用水水源地流入水库检测点监测结果为依据，确定补偿责任主体，补偿资金专项用于水环境治理（修复）、生态文明示范建设以及其他需要支持的事项等方面。

四、主要内容

（一）资金及来源：

1. 财政局：每年安排 7 200 万元生态补偿资金（含《安吉县人民政府办公室关于印发安吉县集中式饮用水水源地生态保护奖补资金管理办法（修订）的通知》〈安政办函〔2019〕1 号〉文件中的 4 500 万元）；

2. 乡镇（街道）自筹：流域上下游乡镇（街道）签订生态补偿协议，每份协议双方各出资 120 万元/年。

（二）监测方式：按照《地表水环境质量标准》（GB 3838—2002），以高锰酸盐指数、氨氮、总磷 3 项指标达到目标值（见附件 1）情况来核算生态补偿金。生态环境局负责河流乡镇交接断面设置和水质目标值设定，流域上下游乡镇（街道）交接断面水质监测按照国家地表水监测技术规范的要求进行监测，水质实行一月一监测，一季度一通报。

（三）补偿方式：包括流域上下游乡镇（街道）横向生态补偿、集中式饮用水水源地生态补偿、水质变化的奖惩、水生态治理（修复）和生态文明示范项目的资金支持四方面。生态补偿资金共 7 200 万元，其中 500 万元用于递铺街道出境断面以及梅溪镇荆湾国控断面水质达目标值的奖励，3 200 万元用于集中式饮用水水源地生态补偿，3 500 万元用于水生态治理（修复）及生态文明示范项目资金补助。

1. 上下游乡镇（街道）建立横向生态补偿机制的奖励

流域上下游乡镇（街道）以双方各 120 万元/年的标准签署补偿协议（附件 2），水质实行每月监测，当乡镇（街道）交接断面水质年均值达到目标值时，河流上游所在乡镇（街道）获得生态补偿金；个别月份未达目标值，未达月份按 10 万元/月进行扣罚，每下降一个类别按 15 万元/月进行扣罚（与未达目标值的扣罚不叠加）；当断面水质年均超目标值时，河流下游所在乡镇（街道）获得生态补偿金。

章村镇、杭垓镇、报福镇三个源头乡镇以及山川乡，因无乡镇交接断面，无需建立上下游生态补偿协议。递铺街道作为四个上游乡镇的下游，以及梅溪镇作为县出境断面乡镇，均承载重要的水质改善压力，水质达到目标值，县财政分别给予两乡镇（街道）300 万元/年和200 万元/年的基础奖，个别月份水质未达目标值，未达月份按 10 万元/月进行扣罚，每下降一个类别按 20 万元/月的标准进行扣罚（与未达目标值的扣罚不叠加）。

2．集中式饮用水水源地生态补偿

集中式饮用水水源地生态补偿根据《安吉县人民政府办公室关于印发安吉县集中式饮用水水源地生态保护奖补资金管理办法（修订）的通知》（安政办函〔2019〕1 号）文件，在生态补偿资金分配方式和用途上给予明确。500 万元用于封山育林、库面保洁，仍由林业局、水利局分别牵头负责；2 700 万元（约水质基础奖的 70%）用于集中式饮用水水源地涉及的 8 个乡镇（街道）行政村的生态补偿，具体生态补偿金分配实行考核制，主要考核方向侧重于发展壮大集体经济、水质保护优劣的奖惩性措施等方面，具体由治水办、生态环境局、财政局等相关部门另行制定。

3．水质变化的奖惩

除山川乡外流域上下游乡镇（街道）实行水质变化奖惩机制，按照交接断面年度水质变化率排名情况来测算生态补偿金和污染赔付金。排名前三按 150 万元、100 万元和 50 万元给予生态补偿金。排名后三按150 万元、100 万元和 50 万元进行扣罚污染赔偿金。

章村镇、杭垓镇、报福镇无乡镇交接断面，根据入库检测点水质变化情况来核算，有多个检测点，按水质最差的检查点来核算。

183

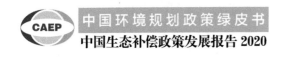
水质考核实行一季一通报，一年一结算，并通过媒体公布，纳入年度治水工作考核。

4. 水生态治理（修复）和生态文明示范项目的奖补

全力打造"绿水青山就是金山银山"理念实践创新基地、国家生态文明示范县以及省级水生态环境示范试点县，每年安排约 3 500 万元（含《安吉县人民政府办公室关于印发安吉县集中式饮用水水源地生态保护奖补资金管理办法（修订）的通知》〈安政办函〔2019〕1 号〉水质基础奖的 30%，即 1 000 万元以及水质考核奖的 300 万元）用于支持开展水生态治理（修复）和生态文明示范项目（具体项目及资金管理办法见附件 3）。

五、保障措施

（一）做好工作指导。生态环境局、财政局强化对流域上下游乡镇（街道）横向生态保护补偿机制建设的业务指导，加强监督考核，及时跟踪机制建设情况，积极协调出现的新问题，不断丰富和完善补偿机制内容，确保工作有序开展。

（二）加强组织实施。各乡镇（街道）尽快达成横向生态保护补偿协议，并积极谋划水生态治理（修复）和生态文明示范建设项目。生态环境局、财政局按照各自职责，做好相应工作。生态环境局建立上下游生态补偿协议实施的监督机制，确保流域上下游生态补偿实施到位。

（三）加大资金力度。生态环境局、财政局积极争取国家、省级生态环保专项资金。加强相关资金统筹整合、使用监督，健全以环境改善为目标的资金使用、监督、管理和绩效评价体系。

本意见自 2021 年 1 月 1 日开始试行。

附件：1. 安吉县流域上下游乡镇（街道）断面设置及目标值情况表

2. 安吉县××乡镇（街道）和××乡镇（街道）流域上下游
横向生态保护补偿协议（参考模板）

3. 安吉县水生态治理（修复）和生态文明示范项目及资金管
理办法

安吉县人民政府

2020 年 9 月 7 日

附件 1

安吉县流域上下游乡镇（街道）断面设置及目标值情况表

序号	上游乡镇	下游乡镇	监测断面	水质目标值
1	孝丰	递铺	孝丰大桥	高锰酸盐指数≤3，氨氮≤0.3，总磷≤0.05
2	孝丰	孝源	大伐桥	高锰酸盐指数≤3，氨氮≤0.3，总磷≤0.05
3	孝源	递铺	塘浦	高锰酸盐指数≤3，氨氮≤0.3，总磷≤0.05
4	上墅	灵峰	刘家桥	高锰酸盐指数≤3，氨氮≤0.3，总磷≤0.05
5	天荒坪	灵峰	白水湾	高锰酸盐指数≤3，氨氮≤0.3，总磷≤0.05
6	鄣吴	天子湖	龙口	高锰酸盐指数≤3，氨氮≤0.3，总磷≤0.05
7	灵峰	递铺	美颂桥	高锰酸盐指数≤3.5，氨氮≤0.45，总磷≤0.07
8	昌硕	递铺	古鄣桥	高锰酸盐指数≤3.5，氨氮≤0.45，总磷≤0.07
9	递铺	溪龙	柴潭埠	高锰酸盐指数≤3.5，氨氮≤0.45，总磷≤0.07
10	溪龙	梅溪	梅溪大桥	高锰酸盐指数≤3.5，氨氮≤0.45，总磷≤0.07

序号	上游乡镇	下游乡镇	监测断面	水质目标值
11	天子湖	梅溪	禹步桥	高锰酸盐指数≤3.5，氨氮≤0.45，总磷≤0.07
12	梅溪	—	荆湾	II（高锰酸盐指数≤4，氨氮≤0.5，总磷≤0.1）
13	章村	—	汤口	高锰酸盐指数≤3，氨氮≤0.3，总磷≤0.05
14	报福	—	张坞、景溪、洪家	高锰酸盐指数≤3，氨氮≤0.3，总磷≤0.05
15	杭垓	—	野乐、双舍、尚梅、桐坑	高锰酸盐指数≤3，氨氮≤0.3，总磷≤0.05

备注：其中，塘浦断面和荆湾断面，因与国控断面重合，按照国家监测数据进行评价。

附件 2

安吉县××乡镇（街道）和××乡镇（街道）流域
上下游横向生态保护补偿协议

（参考模板）

甲方：××乡镇（街道）人民政府

乙方：××乡镇（街道）人民政府

为更好地保护安吉县水环境，根据《安吉县流域上下游乡镇（街道）生态补偿机制的实施意见》，甲方和乙方在平等协商基础上，特签订此协议。

一、基本原则

（一）权责对等，双向补偿。坚持保护优先，绿色发展，充分考虑上下游乡镇（街道）共同利益，厘清和量化上下游乡镇（街道）水质保护责任，实行"谁达标谁受益、谁超标谁赔付"的双向补偿，对为保护水环境付出努力的上游乡镇（街道）给予合理补偿，对水环境质量受到损害的下游乡镇（街道）给予合理赔付。

（二）协同保护，联防联治。树立流域发展"一盘棋"思想，在规划制定、空间和产业布局、准入标准、环境监测及生态环境执法等领域形成共商共管格局，统筹推进水污染治理、水生态修复和水资源保护。

二、补偿方案

（一）考核指标：按照《地表水环境质量标准》（GB 3838—2002），以高锰酸盐指数、氨氮和总磷 3 项指标达到目标值情况来核算生态补偿金。

（二）补偿办法：按照"谁超标谁赔付，谁保护谁受益"的原则，以乡镇（街道）交接断面水质情况作为补偿依据，在全县建立流域上下游乡镇（街道）横向生态保护补偿机制。实行"双向补偿"，即上下游乡镇（街道）签订生态补偿协议，水质按月监测，实行水质一季一通报，资金一年一结算。按照每个上下游乡镇（街道）各出120万元/年的标准，于第二年3月底前完成补偿资金结算。当断面水质达到或优于目标值时，上游所在乡镇（街道）获得生态补偿金。当断面水质超目标值时，下游所在乡镇获得生态补偿金。个别月份未达目标值，未达标月份按10万元/月进行扣罚，类别下降按每下降一个类别15万元/月进行扣罚；当断面年度水质均超标时，河流下游所在乡镇（街道）获得生态补偿金。

三、资金用途

补偿资金专项用于重点流域、重点区域水污染防治，良好水体生态

环境保护，饮用水水源地生态环境保护，地下水环境保护及污染修复和其他需要支持的事项等方面。

资金使用要合法、合规、合理，充分发挥补偿资金使用效益。

四、协议有效期

本协议有效期自签订生效之日起至 2023 年××月××日。

乡镇（街道）盖章　　　　　　　　　　乡镇（街道）盖章

负责人签字：　　　　　　　　　　　　负责人签字：

附件3

安吉县水生态治理（修复）和生态文明示范项目及资金管理办法

第一章　总　则

第一条　为进一步规范和加强水生态治理（修复）和生态文明示范项目及资金管理，提高资金使用效益，根据《水污染防治资金管理办法》（财资环〔2019〕10 号）、《生态环境部中央财政生态环保专项资金项目监督检查工作规程（试行）》（科财函〔2019〕128 号）等有关文件精神，特制定本办法。

第二章　资金支持范围

第二条　项目资金主要用于支持各乡镇（街道）实施水生态治理（修复）和生态文明示范项目。具体如下：

1．水生态治理（修复）项目。与水环境直接相关的生活污水、工业污水治理、畜禽养殖污染治理、农村面源污染治理、合法排污口人工湿地项目、城乡黑臭水体整治等；湖滨带与缓冲带生态修复、河流生态修复、天然湿地保护与修复、地下水保护和污染修复等；

2．饮用水水源地保护项目。水源地规范化建设、水源保护区整治、水源保护区风险防控及应急能力建设、水源地环境监管能力建设、水源地生态修复与建设工程等。

3．生态文明示范项目。"绿水青山就是金山银山"实践创新基地建设、"无废"城镇和零污染村建设、生态文明建设、生物多样性保护等。

第三章　资金来源及分配

第三条　2021年至2023年三年里，每年安排约3500万元项目资金。

第四条　项目资金通过"以奖代补"的形式，一般按照不超过投资总额的50%进行分配，对章村镇、杭垓镇、报福镇、孝丰镇以及昌硕街道三大集中式饮用水水源地所在乡镇（街道）的项目补助资金按照不超过项目投资额的70%的比例进行补助。项目完工后，根据项目审计报告，项目的实际投资额低于预定投资额时候，奖补资金的拨付将按对应比率缩减或调整。如有申请到上级资金，原计划补助资金和上级补助资金超过项目实际投资总额，由生态环境局联合县财政局、县审计局汇同其他有关部门进行统筹协调，对三大集中式饮用水水源地乡镇（街道）各级补助资金总额不超过项目实际投资额的90%，其他乡镇（街道）不超过

实际投资额的 80%。

第四章　项目管理及考核

第五条　强化项目储备库建设。省、市、县相关水环境保护（修复）及水污染防治规划和计划、中央资金支持重点，结合县内重点工作任务，深入谋划工程项目，提前做好项目立项、可行性研究等前期准备工作。每年 3 月底前，组织开展一次各乡镇（街道）项目集中申报。项目实施主体可以是乡镇（街道），也可以是行政村，实施年限不超过文件有效年限。

第六条　严格落实预申报项目审核筛查机制，项目集中入库后，生态环境局会同县财政局以及其他有关部门或专家对预申报项目进行审核，审核通过的项目纳入县水污染防治项目储备库，形成年度实施项目清单和资金初步分配方案。

第七条　属于政府投资项目，遵循政府投资项目管理办法。批准实施的项目必须严格实行项目法人责任制、招标投标制、工程监理制和工程合同制等制度，对项目质量承担终身责任。项目实施过程中，不得擅自变更建设地点、规模、标准和建设内容。如因特殊情况需要变更的，须按程序报经原批准单位审批同意，并报生态环境局备案。项目需履行政府采购程序的，必须按政策规定实行公开招标，完善审批程序和合同等相关手续。

生态环境局、治水办、财政局联合有关部门按照项目计划安排的具体内容和进度，对项目建设情况进行跟踪监督和检查，检查中发现的问题，应责令整改，并对整改落实情况进行跟踪复查。对项目实施出现重大违规违纪，且整改不到位的，不予拨付或回收项目资金。

第八条　项目建成后，项目责任单位应组织对项目进行初步验收。

生态环境局会同财政局、审计局以及相关部门或专家组织开展验收，验收内容主要包括项目任务完成情况、项目投入使用后环境效益情况、财务决算情况、档案资料情况等。对于验收不合格，不能按期整改到位的，将酌情采取通报批评、撤销资金计划等处理措施。项目验收资料要求如下：

1．申请验收报告；

2．竣工验收报告；

3．项目招投标资料；

4．经审计的项目竣工财务决算报告（监理报告、审计报告、财务决算报告）等；

5．项目基本资料：设计方案、施工前后对比照片等；

6．其他需要提供的资料。

第九条　档案管理：项目责任单位应指定专人加强项目档案管理，对项目资料进行收集、整理、归档、保管，并保持档案的真实性、连续性和完整性，并提交一份至生态环境局。

第五章　资金管理及监督

第十条　具体承担项目实施任务的有关单位对专项资金的管理使用负有主体责任，负责本单位的专项资金预算执行，并对执行结果和专项资金使用管理的真实性、完整性负责。各项目实施单位要建立健全会计档案管理制度，实行专款专用、专账核算，及时做好竣工财务决算管理。

第十一条　资金申拨程序：项目实施乡镇（街道）填制《资金拨款申请表》，并提供以下资料：

（一）申拨项目预付款或进度款：应提供资金拨付申请、实施方案

or可行性研究报告、项目初设批复文件、中标通知书、开工许可证、项目预算审核意见书、工程施工合同和工程监理合同、监理部门出具的施工进度及施工质量证明、采购合同等。生态环境局联合县财政局根据各项目实际进度拨付预付款。

（二）申拨工程项目结算款：提供拨付资金申请、项目实施情况说明、竣工验收报告和财务审计报告等。

项目建设单位对资料的合法性、真实性负责。项目验收合格后，生态环境局对验收结果和资金分配方案进行公示。

第十二条 各乡镇（街道）应按照集中财力办大事的要求，对项目须精心筛选，合理布局、认真实施、长远规划，以提高项目的实施质量和生态效益。各乡镇（街道）应加强对资金的监管，严禁各种形式的骗取、截留、挪用和违规使用。